Jochen K. Michels (Hrsg.)

BioKernSprit - Trilogie - Erster Teil "Biomasse"

Jochen K. Michels (Hrsg.)

BioKernSprit - Trilogie - Erster Teil "Biomasse"

Mobile Energie aus Biomasse mit GAU-freier Kernenergie

Südwestdeutscher Verlag für Hochschulschriften

Imprint

Any brand names and product names mentioned in this book are subject to trademark, brand or patent protection and are trademarks or registered trademarks of their respective holders. The use of brand names, product names, common names, trade names, product descriptions etc. even without a particular marking in this work is in no way to be construed to mean that such names may be regarded as unrestricted in respect of trademark and brand protection legislation and could thus be used by anyone.

Cover image: www.ingimage.com

Publisher:
Südwestdeutscher Verlag für Hochschulschriften
is a trademark of
International Book Market Service Ltd., member of OmniScriptum Publishing Group
17 Meldrum Street, Beau Bassin 71504, Mauritius

Printed at: see last page
ISBN: 978-3-8381-2458-2

Copyright © Jochen K. Michels (Hrsg.)
Copyright © 2011 International Book Market Service Ltd., member of OmniScriptum Publishing Group

Umsteigen statt Aussteigen !

Mobile

Kraft

aus   Biomasse,

Kohle

und

Kernenergie

Sprit aus Biomasse, mit Kernwärme erzeugt

Stand September 2011

Sprit mit Kernwärme aus Biomasse und Kohle

Zusammengestellt durch:

Jochen Michels, Dipl.-Wi.-Ing, Unternehmensberatung

Konrad-Adenauer-Ring 74, D-41464 Neuss

jochen.michels@jomi1.com

www.biokernsprit.org

Geleitwort

Die wirtschaftliche Entwicklung ist ohne Energie nicht denkbar. Die Energieversorgung der Zukunft muss jedoch folgende Probleme gleichzeitig lösen:
Die Weltbevölkerung und ihre wirtschaftliche Entwicklung steigen und damit der Energiebedarf, gleichzeitig soll die Versorgung mit Energie jedoch zuverlässig, umweltschonend, nachhaltig und effizient sein und natürlich in ausreichenden Mengen preisgünstig zur Verfügung stehen.
Dies zu verwirklichen entspricht einer wirtschaftlichen Revolution und beeinflußt alle Bereiche des Lebens. Wir müssen alle umdenken, sparsamer mit Energie umgehen und die F&E Arbeiten erheblich intensivieren, um schnelle Fortschritte zu erzielen. All dies wird nur gelingen, wenn man nicht ideologisch verbohrt, sondern technikfreundlich und sachlich an die Probleme herangeht.
Dieses Buch ist ein Beitrag in diese Richtung und ich wünsche dem Verfasser ein großes Interesse an dem Buch.

Prof. Dr. Peter Kausch

Sprit mit Kernwärme aus Biomasse und Kohle

Zum Geleit

Vor ca. 50 Jahren war es das Genie von Professor Dr. Rudolf Schulten und die Einsicht von 15 Stadtwerken, die den GAU vorausschauend eindämmen wollten. Er ließ für die Konstruktion der Kugelbett-Öfen ausschließlich keramische Einbauten zu. Sie werden im Gegensatz zu den Meilern kontinuierlich von oben beladen und ebenso kontinuierlich nach unten entsorgt. Und sie können vor allem mit Thorium beschickt werden. Auch für die Endlagerung wurden keramisch verkapselte Panzerkörner mit einer Haltbarkeit für Millionen Jahre vorgesehen. Seit 1960 haben wir in Aachen und Jülich mit größten Erfolgen an den Kernreaktoren der vierten Generation geplant und gearbeitet.

In Deutschland kam es dann zu der Meinung, die in Amerika entwickelten Leichtwasserreaktoren seien sicher genug. Das aber hat sich im Laufe der Jahrzehnte als Irrtum erwiesen. Denn die Menschheit kann es sich nicht länger leisten, die Kernreaktoren mit großen Restrisiken beliebig zu vermehren. Die Errungenschaften von Jülich sind bei uns von Anfang an verdrängt worden. Derzeit herrscht dazu bei uns noch immer eine Schweigespirale.

Die chinesischen Erfolge mit dem HT- Kugelbett- Ofen haben nun auch in Amerika eine Wende in der Erkenntnis gefördert. Wir brauchen in der Zukunft große Wasserstoffindustrien um hocheffiziente mobile Energiespeicher zu bekommen. Mit Hilfe von Kugel-bettöfen, am besten mit Thorium befeuert, geht das am sichersten und schnellsten. Und eine Fülle von Wasserstoff kommt auch den nachwachsenden Brennstoffen und anderen erneuerbaren Energiequellen zugute. Durch Wasserstoffträger wie Ethanol, Methanol und Butanol können schon mittelfristig die notwendigen Energiespeicher entstehen.

Der Weg für eine wachsende Menschheit ist frei.

Hermann Josef Werhahn

INHALT

1	**DIE LÖSUNG EINES ENERGIEPROBLEMS**	**14**
1.1	**Kraftstoff-Erzeugung mit Hochwärme**	**14**
1.1.1	Kraftstoff-Erzeugung	15
1.1.2	Umwelt-Einflüsse	15
1.1.3	Tankstellen	15
1.1.4	Fahrzeuge -Motoren	16
1.2	**Biomasse – Bedarf, Verfügbarkeit, CO_2**	**16**
1.2.1	Sprit-Bedarf	16
1.2.2	Mengen und Vorräte	17
1.2.2.1	Biomasse - Wald	17
1.2.2.2	Biomasse - Landwirtschaft	17
1.2.2.3	Kohle und sonstige Einsatzstoffe	18
1.2.2.4	Gewinnung und Transport	18
1.2.2.5	Wirtschaftlichkeits-Rechnung Bio-Sprit (s.Tabellen-Anhang)	18
1.3	**Hochwärme und Strom**	**19**
1.3.1	Wärme-Erzeugung durch ungefährliche Reaktion	19
1.3.2	Reaktoraufbau bietet Sicherheit	20
1.3.3	geschichtliche und politische Entwicklung	22
1.3.4	Stand der Forschung, Entwicklung und Nutzung	22
1.3.5	Sicherheit	23
1.3.5.1	Sicherer Reaktions-Prozess	23
1.3.5.2	kein waffenfähiges Material (wie z.B. Plutonium)	24
1.3.5.3	keine Terror- und Katastrophengefahr	25
1.3.5.4	Risiko-Versicherung	25
1.3.5.5	Versorgungs-Sicherheit	25
1.3.5.6	Lagerung von Abfällen	26
1.3.6	Umwelt-Einflüsse	26
1.3.7	Kosten und Wirtschaftlichkeit	27
1.3.7.1	Investition, Bauphase inklusive Rückbau	27

	1.3.7.2	Kosten der Brennstoffe	27
	1.3.7.3	andere Betriebskosten	27
	1.3.7.4	Wirtschaftlichkeits-Rechnung HTR (siehe Tabellen-Anhang)	28
	1.3.7.5	Dualer Vorteil Wärme und Strom	28
	1.3.7.6	Kosten der Verteilung – die Netze	29
1.4		**Komplette Energie-Bilanz**	**29**
2		**DOKUMENTE UND BEWERTUNG**	**32**
2.1		**Biomasse**	**33**
	2.1.1	Biomasse – Grunddaten und Zusammenhänge	33
	2.1.2	geeignete Einsatzstoffe	37
	2.1.2.1	Pflanzen	38
	2.1.2.1.1	Holz, Wald	38
	2.1.2.1.2	Chinaschilf	46
	2.1.2.1.3	Mais	47
	2.1.2.1.4	Zucker	52
	2.1.2.1.5	Raps	55
	2.1.2.2	Kunststoff-Abfälle	60
	2.1.2.2.1	Aufkommen	60
	2.1.2.2.2	Verwertung	61
	2.1.2.3	Industrie-Abfälle	64
	2.1.2.3.1	Kohlendioxid (CO_2)	65
	2.1.2.3.2	US Patent-Antrag Dr. Herbert Mataré	65
	2.1.2.3.3	Raffinerieabfälle	77
	2.1.2.3.4	Gichtgas	83
	2.1.2.4	Kohlen	84
	2.1.2.4.1	Steinkohle	84
	2.1.2.4.2	Braunkohle	85
	2.1.2.4.3	Erdpech = Asphalt	87
	2.1.2.4.4	Torf	88
	2.1.3	Energiegehalt von Biomasse	96
	2.1.3.1	Durchblick	96

2.1.3.2	Basisdaten Biokraftstoff	107
2.1.3.3	Quelle: DENA - Deutsche Energie-Agentur	114
2.1.3.4	Quelle: Gesamtverband Deutscher Holzhandel e.V.	115
2.1.4	Energetische Nutzung von Biomasse	116
2.1.5	Räumliche Verteilung, Herantransport	117
2.1.6	Pionier Viessmann	118
2.1.7	RWE pflanzt Energiepappeln.	120
2.2	**Kosten, Nutzen Wirtschaftlichkeit**	**123**
2.3	**Energieversorgung: zentral oder dezentral**	**124**
2.3.1	Neue Versorgungstechnik	125
2.4	**Ethische Fragen**	**145**
2.4.1	Nahrungsmittel vs. Biostoffe	146
2.4.2	Teufelszeug und andere Zutaten (W. Ockenfels)	147
2.4.3	Kernenergie – Gefahren und Nutzen (H. Böttiger)	154
2.4.4	Tank u n d Teller – Beides ist möglich!	164
3	**TABELLEN-ANHANG**	**167**
3.1.1	Wirtschaftlichkeits-Rechnung Hydrierwerk	168

Vorwort zur 1. Auflage

Um der Wahrheit die Ehre zu geben: Die Idee stammt nicht von mir, sie wurde mir eher beiläufig bekannt. Aber sie faszinierte! Ist „BioKernSprit" irgendwie realisierbar? Das war die Frage.
So begann das Recherchieren. Als Laie auf den hier berührten Gebieten, wie:
- Autos und Motoren
- Tankstellen und Transportnetze
- Landwirtschaft und Forstwirtschaft
- Logistik und Sammelstrukturen
- Umwelt, Lärmschutz, Landschaftsbild
- Stromnetze und Energie-Erzeugung
- Hoch-Temperatur, Prozesswärme, Thermodynamik
- Fischer-Tropsch, Bergius, Hydrierverfahren
- Kernenergie, Physik und Strahlen
- Atompolitik, Energiepolitik

war von Grund auf anzufangen. Den oft interessen- oder angstgeleiteten Äußerungen wollte ich nicht folgen. Und da kamen zur Hilfe nicht nur das Internet, Wikipedia und viele einschlägige Websites – sondern auch Verbände und Institutionen wie Greenpeace, Atomforum, Kerntechnische Gesellschaft, ADAC, halbstaatliche oder freie Agenturen, zum Beispiel für nachwachsende Rohstoffe. Auch Unternehmen, wissenschaftliche und europäische Institute, Professoren, Wissenschaftler und Ingenieure ließen mir freigiebig ihre Erkenntnisse zukommen.
Ihnen allen gebührt aufrichtiger Dank!

Vorwort zur 2. Auflage

Die erste Auflage war vor allem eine Sammlung einschlägiger Dokumente. Sie soll unsere Feststellung belegen, dass es nicht um versponnene Ideen geht, sondern um die Kombination bekannter, erprobter Techniken und Verfahren zu einem Produkt: „mobile Energie".

Diese zweite Auflage soll den Zugang zu diesem Wissen erleichtern. Statt eines dicken Sammelbandes werden die drei Themen: Biomasse, Kernenergie und Hydrier-Sprit in einer Trilogie aus drei Bänden erörtert. Sie sollen es Jeder und Jedem erlauben, sich darauf zu konzentrieren, was sie am besten verstehen und woran sie am meisten interessiert sind.

So gibt es viele Querbezüge zwischen den drei Teilen. Wir versuchen, diese durch Verweise und Fußnoten zu bewältigen.

Insgesamt soll diese Trilogie einen Schritt in Richtung feasability-study gehen. Wo genaue Angaben nicht zu beschaffen waren, wird mit einer Mini-Max-Abschätzung versucht, Plausibilität und Machbarkeit belastbar einzugrenzen. Die Wirtschaftlichkeit wird mit Analogschätzungen umrissen, denn wir fanden bisher keinen Fachmann, der bereit war, die Kosten einer Hydrieranlage oder eines Kugelbettofens in Kapital, Kosten und Erträgen zu beziffern. Die Verfügbarkeit und Organisation von Rohstoffen, Produktionsmitteln und Menschen wurde auf ähnliche Weise quantifiziert.

Schließlich werden im ersten Teil „Bio" auch die sozialen und ethischen Aspekte für alle Teile, besonders die Kerntechnik, angesprochen. Den soeben auftauchenden Relativierungen zum CO_2 wollen wir nicht nachgehen. Dazu gibt es Berufenere. Jedenfalls vertreten wir hier Verfahren, die möglichst wenig dieses Gases freisetzen, weil sicher in den nächsten Jahrzehnten kein Mangel daran besteht.

Dass wir in Deutschland heute keine sofortige Lösung präsentieren können, ist uns bewusst. Ob die erste Realisierung dieses Konzeptes, dieses Vorschlages bei uns oder im Ausland stattfindet, muss unter diesen Umständen gleich sein. Nicht selten wurden ja große deutsche Erfindungen erst im Ausland umgesetzt. Doch könnte die Autonation Deutschland auch Gefallen an dieser Art von Treibstoff-Erzeugung finden!

> Der zusammenfassende Vorspann entspricht der kostenlosen Broschüre, die jeder auf der Website www.biokernsprit.org downladen kann.

Diese Trilogie soll helfen, offene, auch kritische Fragen gezielter anzugehen um auf dem Weg zu mobiler Energie voran zu kommen.

Da für fast alle Details auf Material zurückgegriffen wird, das im Internet oder anderen Quellen frei verfügbar ist, liegt unser Schwerpunkt auf der Recherche, Zusammenführung und Ordnung des Materials.

Nur die finanziellen und wirtschaftlichen Berechnungen entspringen eigener Überlegung.

Zu allem begrüßen wir jeden Beitrag in Form von Korrekturen, Ergänzungen und Richtigstellungen.

jochen.michels@jomi1.com

Kraftstoff-Erzeugung

Mit sicherer Wärme, umweltneutral und billig, wird heimische Biomasse zu Motor-Kraftstoff!

Das klingt zu schön um wahr zu sein – oder vielleicht doch?
Sehen wir uns die Einzelheiten an:
Moderne Energiegewinnung in **mittelständischer Struktur**[1] ist das Grundprinzip für „BioKernSprit". Wasserstoff wird noch lange Hauptenergieträger für den Autoverkehr bleiben. Gebunden an Kohlenstoff übertrifft seine Energiedichte[2] alle anderen denkbaren Speicher und Batterien. Explosionsgefahr oder die Bindung an fossiles C stehen bisher im Wege. Binden wir ihn in Ethanol oder Methanol – so vermeiden wir beides. Die Prozesse sind bereits langjährig erprobt, die meisten schon in der Produktion. Man braucht dafür aber sehr heiße Prozesswärme. Die war bisher nicht verfügbar oder zu teuer. Das ändert die katastrophenfreie Kernwärme. Jetzt gilt es, die Prozesse zusammenzuführen, um aus der Kombination mehrfachen Nutzen für Deutschland und Europa zu gewinnen.
Es gilt auch, die bisherigen Meiler abzulösen – umzusteigen, nicht auszusteigen - denn: „es ist nicht ganz richtig, wenn gesagt wird, es gäbe überall Restrisiken. Für Atomkraftwerke sind riesige Restrisiken – wie heute

Das postfossile Zeitalter braucht preiswürdigen Wasserstoff, Strom und Wärme in großem Umfang Kernwärmequellen der 4. Generation arbeiten kontinuierlich auch für mittlere Industriebetriebe.

---
1 siehe Abschnitt 2.2 sowie Dokumentation im Teil „Kern"
2 siehe Abschnitt 2.1.3 Energiegehalt von Biomasse

- nicht mehr hinzunehmen, auch nicht bei geringster Wahrscheinlichkeit." sagt hierzu Hermann Josef Werhahn aus Neuss.

Diese kurze Einleitung will Fachleute und Entscheider anregen, das Nötige zu tun, damit unsere Energieversorgung sicherer wird. Details sind im Kapitel 2 in Form kommentierter Dokumentation verfügbar.

1 Die Lösung eines Energieproblems

Wir fokussieren uns darauf, am Beispiel Auto-Treibstoff- aufzuzeigen, wie die Energieversorgung den wesentlichen Forderungen aus Politik, Gesellschaft und Wirtschaft nachkommen kann:

1.1 Kraftstoff-Erzeugung mit Hochwärme

Schon im 2. Weltkrieg wurde Kraftstoff durch Hydrierung gewonnen. Das lohnt sich ab einem Ölpreis von 4o €/Barrel.

Ziel ist die Treibstoff-Herstellung aus nachwachsenden Rohstoffen, wie Pappeln im Kurzumtrieb[3], Raps, Chinaschilf, Abfallholz und Stroh, ohne die Lebensmittel-Versorgung zu bedrohen[4]. Auch Raffinerieabfälle[5], Bitumen, Erdpech, Gichtgas[6], Kunststoff-Abfall[7] kommen in Frage, sowie für den Anlauf auch Braun- und andere Kohle. Schon 1943 bis 45 wurde das z. B. in Leuna, Marl und Wesseling gemacht. Den Kohlenstoffträgern wird Wasserstoff mit Hoch-Wärme hinzugefügt. Diese Hydrierung macht den Energieträger flüssig, manchmal über ein Zwischengas. Hydrierter Kohlenstoff in Flüssigform ist Kraftstoff für Autos.

---

[3] siehe Abschnitt 2.1.6 Pionier Viessmann und 2.1.7 RWE pflanzt Energiepappeln.
[4] siehe Abschnitt 2.1.2.1 Pflanzen
[5] siehe Abschnitt 2.1.2.3.3 Raffinerieabfälle
[6] siehe Abschnitt 2.1.2.3 Industrie-Abfälle
[7] siehe Abschnitt 2.1.2.2 Kunststoff-Abfälle

Kraftstoff-Erzeugung

1.1.1 Kraftstoff-Erzeugung

Besonders geeignet sind Methanol und Bio-Ethanol (Äthanol, (Vinyl-) Alkohol), vorerst dem Benzin in steigendem Anteil beigemischt – bis zu 100 %. Bevorzugt wird ein gleitender Übergang. E85–Flexifuel gibt es schon. Zur Herstellung von Methanol/Ethanol sind mehrere Verfahren nach Bergius-Pier[8]/Fischer–Tropsch[9]: bereits seit längerem weltweit im Einsatz. Sie können weiter optimiert werden, um heimische Pflanzen noch besser zu verarbeiten. **Nahrungsmittel wie Zuckerrohr (Brasilien) oder Mais (USA) sind nicht erforderlich.** Angaben der Renewable Fuel Assoc. in Washington D.C. zeigen schematisch[10] wie Ethanol aus stärkehaltiger Biomasse gewonnen wird. Die Koppel-Destillate und das CO_2 führt man verschiedenen Zwecken zu, u. a. der Nahrungs- und Futtermittel-Industrie (Softdrinks, Trockeneis).[11] Für die CO_2-Bilanz ist dies neutral – entgegen fossilem Sprit. Die Fa. Choren[12] und das CUTEC-Institut arbeiten an entsprechenden Verfahren auch für Diesel aus Biomasse bzw. haben dies getan.

1.1.2 Umwelt-Einflüsse

Im Endprodukt Ethanol bleiben kaum schädliche Stoffe. Schwefel ist in der Biomasse und den meisten Kohlearten wenig vorhanden.

1.1.3 Tankstellen

Das Tankstellennetz kann für die Verteilung von Ethanol/Diesel mit geringen Änderungen an Tanks und Zapfsäulen verwendet werden.

---

[8] Dokumentation im Teil „Sprit"
[9] Dokumentation im Teil „Sprit"
[10] Dokumentation im Teil „Sprit"
[11] Dokumentation im Teil „Sprit"
[12] Dokumentation im Teil „Sprit"

1.1.4 Fahrzeuge -Motoren

E85-Motoren[13]. werden schon heute gefahren (E85 – Flexifuel). Mit geringen Anpassungen kann man 100 Prozent erreichen. Über Jahre verteilt stellt das kein technisches / wirtschaftliches Problem dar.

1.2 Biomasse – Bedarf, Verfügbarkeit, CO$_2$

Schon heute reichen Biomasse und Abfälle für 5 Prozent des Kraftverkehrs.

Biomasse entsteht aus Pflanzen mit hohem Kohlenstoffgehalt, die viel Wasserstoff aufnehmen können. Sie ist Abfall oder wird eigens angebaut[14]. Hydrier-Projekte zeigen weltweit, dass die CO$_2$-Gesamt-Bilanz verbessert werden kann, wenn die Prozess-Energie CO$_2$-neutral beschafft wird[15].

Hochtemperatur ist die Lösung.

1.2.1 Sprit-Bedarf

Der Straßenverkehr in Deutschland verbraucht nach MWV 2025 nur noch 26 Mrd. Liter Diesel und 14 Mrd. Liter Benzin[16]. Diese 40 Mrd. Liter Kraftstoff enthalten ca. 377 Mrd. kWh Energie. Da Ethanol weniger Energie enthält, benötigt man davon 60 Mrd. Liter pro Jahr.

Will man zunächst 19 Mrd. kWh (5 % des Jahresverbrauchs) aus Holz verflüssigen, so braucht man dafür 9 Mio. to Holz (à 4,4 kWh/Kg) und Zufuhr-Energie im Umfang von 9 Mrd. kWh für den Hydrierprozess[17].

---

[13] Dokumentation im Teil „Sprit".
[14] siehe Abschnitt 2.1 Biomasse
[15] Dokumentation im Teil „Sprit"
[16] Dokumentation im Teil „Sprit"
[17] Dokumentation im Teil „Sprit"

1.2.2 Mengen und Vorräte

Die Fläche der Bundesrepublik Deutschland beträgt 35,7 Mio. Hektar. 16,7 Mio. ha sind Landwirtschaft, 11,1 Mio. ha sind Wald.

1.2.2.1 Biomasse - Wald

11.1 Mio. ha enthalten ein Holzvolumen[18] von 3,4 Mrd. m^3 und jährlich wachsen 113,56 Mio. m^3 = etwa 57 Mio. Tonnen Rohdichte nach. Davon werden für Nutzung und Abfall 53,5 Mio. to verbraucht, so dass 3,5 Mio. to für Hydrierung schon jetzt zur Verfügung stehen. Nutzt man den heutigen Abfall mit, kommen etwa 9 Mio. to zusammen, also schon zu Anfang der oben ermittelte Jahresbedarf[19] von 5%.

1.2.2.2 Biomasse - Landwirtschaft

12 Prozent = 2 Mio. ha der Landwirtschaftsfläche werden schon heute für Biomasse genutzt. Raps eignet sich besonders gut innerhalb der Fruchtfolge, zum Beispiel zwischen Gerste und Weizen. Der Hektar-Ertrag von heute erst 2.000 Liter erbringt 4 Mrd. Liter Kraftstoff. Viessmann[20] erntet aber schon 5.000 Liter je Hektar aus schnellwachsenden Bäumen. Das wäre gut für rund 10 Mrd. Liter. Zunehmend werden hydrierfähige Bäume und Pflanzen weitere Beiträge liefern. Für gelegentliche Welt-Zucker-Überschüsse ergibt sich eine sinnvolle Verwendung.

Aus Wald und Land können so schon nach heutigen Verhältnissen rund 10 Mrd. Liter Sprit gewonnen werden **ohne die Nahrungsfläche zu beeinträchtigen**. Und man kann die Verhältnisse ändern!

---

[18] siehe Abschnitt 2.1.2.1.1 Holz, Wald
[19] Dokumentation 2.1.2.1.1.1 Verfügbarkeit von Holz
[20] siehe Abschnitt 2.1.6 Pionierr Viessmann

Sprit mit Kernwärme aus Biomasse und Kohle

1.2.2.3   Kohle und sonstige Einsatzstoffe[21]

Würde man auch Kohle einsetzen, die wir reichlich haben, kann sogar der **gesamte Spritverbrauch mit heimischen Energieträgern erbracht werden**, ohne die Nahrung einzuschränken. Der entstehende CO_2-Überschuss ist dabei nicht nachteiliger als heute, ist also jedenfalls als **Eingangs**-Lösung akzeptabel.

Hochtemperatur ermöglicht die Wasserstoffsynthese mit CO_2. Man verarbeitet so:
1. schädliche CO_2 Mengen
2. erreicht man die Verflüssigung von Wasserstoff zu Methanol / Ethanol.

Oder man nutzt (ggf. zusätzlich) die hydrothermale Karbonisierung nach Antonietti[22]; und/oder Raffinerieabfälle, vermutlich ist auch Gichtgas als Input geeignet.

1.2.2.4   Gewinnung und Transport

Der Transport der Biomasse zu dezentralen Hydrierwerken ist per Saldo nicht aufwendiger als die heutigen kontinentalen Pipelines. Sie werden über Jahrzehnte durch die neuen Energie-Fabriken abgelöst.

1.2.2.5   Wirtschaftlichkeits-Rechnung Bio-Sprit (s.Tabellen-Anhang)

Erfahrungen aus der ersten Ölkrise um 1973 sagen, dass Hydrier-Synthese-Sprit um die 20-30 USD pro Barrel (=0,15 € je l) erzeugt werden kann. Da man ca. 1,5 l Ethanol statt einem Liter Benzin braucht, bedeutet das einen Preis von rund 0,25 € je Liter Benzin-Äquivalent.[23]

---

[21] siehe Abschnitt 2.1.2.4 Kohlen
[22] Dokumentation im Teil „sprit"
[23] In den 50er und 70er Jahren hatte man dies genutzt, dann aber wegen des billigeren Erdöl-Preises wieder aufgegeben. Da man ca. 1,5 Liter Ethanol statt einem Liter Benzin braucht, ist Gleichstand bei einem Ethanol Preis

Wärme-Erzeugung durch ungefährliche Reaktion

Wir rechnen jedoch vorsichtig – siehe Tabellen-Anhang - und kommen bei einem Holzpreis von 80 € je Tonne und Prozesswärme zu 0,03 € je kWh_{th} auf einen Preis von 0,60 € je Liter Benzin-Äquivalent. Deutsche und andere Ingenieure haben schon größere Probleme gelöst. Der ADAC nimmt die Vorschläge wohlwollend auf (Okt. 09)[24].

1.3 Hochwärme und Strom

Wesentlich ist **unterbrechungsfreie** Hochtemperatur. Diese Wärme wird in Kugelbettöfen[25] bei kontinuierlicher Kernreaktion erzeugt. Dazu dient der „selbstlöschende Reaktor" NHTT in der Ring-Core-Form nach Cleve/Kugeler[26].

1.3.1 Wärme-Erzeugung durch ungefährliche Reaktion

Im Gegensatz zu den bisherigen Reaktoren[27] wird beim HTR:

- das Element ^{235}Uran nur für den nuklearen Startprozess verwendet
- das ^{233}Uran als Kernbrennstoff verwendet, statt ^{235}Uran
- das Element ^{232}Thorium während des laufenden Reaktorbetriebes in ^{233}Uran umgewandelt
- kein oder wenig Waffen-Plutonium erzeugt, bei ^{233}U **kein** Pu.

---

von Euro 0,87 zu einem Benzinpreis an der Tankstelle von 1,30 gegeben. Hierzu siehe „Well-to-Wheel - Dokumentation im Teil „Kern". Die Wirtschaftlichkeitsrechnung für das Hydrierwerk und den Ethanolpreis finden Sie im Tabellenanhang im Teil „Kern".
[24] Dokumentation im Teil „Kern"
[25] keine Meiler, wie die heutigen Reaktoren, sondern Öfen. Meiler müssen zur Brennstoff-Auswechselung jeweils viele Wochen stillgelegt werden. Öfern werden dagegen permanent mit neuen Elementen beschickt. Abgebrannte werden unten abgezogen. Ein Stillstand ist für Jahre nicht notwendig.
[26] Dokumentation im Teil „Kern"
[27] Dokumentation im Teil „Kern"

Sprit mit Kernwärme aus Biomasse und Kohle

- bei geeigneten MOS Brennelementen auch Plutonium „verbrannt" und so der Waffenproduktion entzogen

Diese Faktoren der Kugelbett-Technik **nutzen** die **Naturgesetze** nicht nur für Energie **sondern auch zum Schutz.** Bisherige Reaktor-Generationen müssen an vielen Stellen gegen die Natur abgesichert werden, z.B. gegen GAU, Kernschmelze, Plutonium, Abfallstrahlung.

Die Nutzwärme ist mit rund 950°C fast doppelt so hoch wie bei herkömmlichen Reaktoren. Die oberste Kugelwärme wird über Heliumgas zur Hydrierfabrik transportiert. Ab 650°C nutzt man sie dann zur Stromerzeugung mit Turbinen, den Rest evtl. als Stadt-Fernheizung - dreifacher Nutzen. Ideal wäre eine Kombination mit dem Laufwellen-Reaktor[28], der die Transmutation nutzt.

1.3.2 Reaktoraufbau bietet Sicherheit

Die Hunderttausende „Triso"-Kugeln des HTR mit sechs cm Durchmesser enthalten jeweils 15.000 millimeter-kleine Uran- und Thorium-Körner[29] und eine 5 mm dicke Graphit-Schale. Je Kugel ergibt das:

- 192 g   Kohlenstoff,
- 0,8928 g ^{235}Uran,
- 0,0672 g ^{238}Uran und
- 10,2 g ^{232}Thorium

in keramischen Oxiden mit sehr hohem Schmelzpunkt. Die Körner sind einzeln nochmals mit mehreren Schichten, u. a. aus pyrolytischem Graphit und Siliziumkarbid umhüllt. Ein Graphit-Gitter (Matrix) hält sie bei Aufprall und

---

[28] Dokumentation Laufwellenreaktor /Transmutation im Teil „Kern"
[29] Dokumentation im Teil „Kern"

Reaktoraufbau bietet Sicherheit

bei großer Hitze an ihrem Platz. Man spricht von Panzerkugeln und -Körnern[30].

Graphit hält als Moderator innerhalb des Brennelementes die radioaktive Strahlung des Brennstoffes soweit zurück, dass nur ein relativ ungefährlicher Anteil austritt.

Das Material des Reaktorkerns verträgt mit mind. 2.500°C eine viel höhere Temperatur, als Betrieb und Störfälle mit sich bringen.

Die Betriebs-Temperatur wird bei 850 bis 950 °C begrenzt, weil vorerst noch bessere Werkstoffe für Rohre und Behälter fehlen, nicht aber die Kernschmelze zu befürchten ist.

Luft- oder Wassereinbruch sind wegen der „Ein-Behälter" Konzeption als Gefahr praktisch auszuschließen.

Da das Kühl-Gas Helium ist, braucht man keinen Zwischenkreislauf und vermeidet dadurch weitere Schwachstellen.

Verbrauchte Kugeln werden **im laufenden Betrieb** unten abgezogen, vermessen und ggf. recycelt. Das ergibt vier Vorteile:

Kernwärme ist nachhaltig zu gewinnen, wenn wir durch Naturnähe kapitale Restrisiken vermeiden.

Sicherheitstechnik wird reduziert. Das ist sogar marktwirtschaftlich versicherbar.

- das Aufladen mit übergroßem Brennstoffvorrat entfällt (Ofenprinzip)
- man braucht den Reaktor nicht abzuschalten (kontinuierlicher Prozess, anders als heute)
- der kontinuierliche Betrieb ermöglicht das Hydrierverfahren (z.B. Fischer-Tropsch)
- eine hohe Nutzung vermindert den Abfall

---

[30] Dokumentation im Teil „Kern"

Sprit mit Kernwärme aus Biomasse und Kohle

Neben Uran und Thorium kann man voraussichtlich auch **Waffenplutonium** verbrennen – ein Beitrag zum Frieden. Kugelbettreaktoren sind schon in **kleinen Einheiten wirtschaftlich,** weil sie weniger Schutzbauten erfordern.

1.3.3 geschichtliche und politische Entwicklung

Das HTR-Verfahren wurde 1961 bis -88 im Forschungszentrum Jülich (46 MW$_{th}$) durch das „Team Schulten"[31] zur Produktionsreife gebracht. 1983 bis 1988 wurde eine Anlage von 300 MW$_{el}$ in Hamm-Uentrop errichtet und produktiv betrieben. Dann wurde es nicht weiterverfolgt[32]. Heute leben nur noch wenige Kenntnis- und Verantwortungsträger.

Daher drängt die Zeit, diese deutsche Entscheidung zu revidieren und die **katastrophenfreie** Kerntechnologie endlich wieder aufzunehmen.[33]

1.3.4 Stand der Forschung, Entwicklung und Nutzung

Thorium ist preiswürdig und für Waffen nicht brauchbar.

Am Konzept des HTR wird in Deutschland derzeit praktisch nicht mehr geforscht. Deutsche Personen, Patente, Lizenzen und Unternehmen sind an ausländischen Projekten beteiligt, vor allem in China[34] und Südafrika[35]. Weil HT-Reaktoren inhärent sicher sind, kann man sie auch siedlungsnah, klein (bis 300 MW$_{th}$) und dezentral wirtschaftlich betreiben. Chinesische Videos zeigen dies auf

---

[31] Professor Dr. Rudolf Schulten, Dokumentation im Teil „Kern"
[32] Dokumentation im Teil „Kern"
[33] Dokumentation im Teil „Kern"
[34] Dokumentation im Teil „Kern"
[35] Bei Peking (Tsinghua Universiät) läuft ein Prototyp seit 2005. In 2003 beschloss die chinesische Regierung, bis zum Jahr 2020 dreißig Reaktoren dieses Typs zu errichten. Zwei Modulreaktoren à 250 MW$_{th}$ sind in Weihai, (Shandong, Ost China) im Bau. Andere HT- Projekte im Ausland siehe Dokumentation im Teil „Kern"

Sicherheit

www.biokernsprit.org. Mit der Ring-Kern Bauweise sollen künftig bis weit über 2.000 MW möglich sein[36].

1.3.5 Sicherheit

Sicherheit ist erforderlich gegen Störungen, Gefahren oder Schäden:
- aus dem Atomreaktions-Prozess selbst
- von waffenfähigen Nebenprodukten (Plutonium)
- aus Abfall-Transport und -Lagerung
- aus Versorgungs-Engpässen für den nuklearen Brennstoff
- durch Flugzeugabsturz, Naturkatastrophen, Terror-Drohung

Alle diese Einflüsse sind beim Kugelbettofen weitaus leichter zu beherrschen als bei der bisherigen Atomtechnik (Generation I bis III).
Wie geschieht das im Einzelnen?

1.3.5.1 Sicherer Reaktions-Prozess[37]

A. Die inhärente Betriebssicherheit ergibt sich aus der Physik und Konstruktion: wenn im Reaktor die Temperatur steigt, erhöht sich die **thermische Geschwindigkeit** der Brennstoffatome. Das **verringert den Neutroneneinfang** durch ^{235}Uran und die Reaktionsrate wird reduziert. Der bekannte negative Temperaturkoeffizient wird im HT-Reaktor auf einzigartige Weise genutzt, wozu hochtemperatur-beständige Materialien (Keramiken) wesentlich beitragen. Sie verlängern das **Zeitfenster**.

---

[36] Bisher baut man HT-Reaktoren eher klein (um 300 MW), dezentral weil inhärent sicher, während herkömmliche Kraftwerke eher oberhalb 800 bis 2000 MW liegen. Man kann Kugelbett-Reaktoren in Serie herstellen und modulartig zusammenschalten. Mit der Ring-Kern Bauweise sollen künftig bis weit über 2.000 MW möglich sein. Siehe auch Dokumentation im Teil „Kern"
[37] Dokumentation im Teil „Kern"

Sprit mit Kernwärme aus Biomasse und Kohle

B. Die **Kernleistungsdichte** der Kugeln ist mit **max. 6 MW/m3** deutlich geringer als bei herkömmlichen Reaktoren mit 100 MW/m3. Daher reicht bei Ausfall der aktiven Kühlung **allein die passive Kühlung** durch die Aussenluft, um die Temperatur weit unter dem kritischen Punkt zu halten. Dabei spielt das für die Nachwärme-Ableitung gewonnene Zeitfenster die entscheidende Rolle[38].

C. Deswegen kann auch die gefürchtete **Kernschmelze nicht eintreten.** Radioaktive Teilchen werden praktisch nicht frei.[39] Bei einem Störfall müssen nur evtl. beschädigte Brennelemente ausgetauscht werden. Danach ist der Reaktor weiter benutzbar.

D. Statt durch Kontrollstäbe steuert man den Reaktor **durch seine Betriebstemperatur** mithilfe der Menge des durchfließenden Kühlmittels.

Deshalb sind sie selbst für Kernwaffengegner akzeptabel.

E. Weil er im Gegensatz zu heutigen Meilern ein Ofen ist, wird er nie mit einem Vorrat von Spaltmaterial gefüllt, sondern nur mit dem was er jeweils benötigt: weniger Risiko und keine Füllpausen.

F. Auch der verbrauchte Brennstoff und die **Spaltprodukte bleiben in** Körnern und Kugeln doppelt eingeschlossen. Das Kühlmittel Helium nimmt kaum etwas auf. **Die Endlagerung findet auf dem gleichen Grundstück** statt - siehe 1.3.5.6. Selbst bei einem Bruch des Reaktors würde nur wenig Strahlung freigesetzt. Lediglich, um ihn vollständig abzustellen, muss man die Absorberstäbe einführen.

1.3.5.2   kein waffenfähiges Material (wie z.B. Plutonium)

---
[38] Dokumentation im Teil „Kern"
[39] Dokumentation im Teil „Kern"

Sicherheit

Da im HTR **kein Plutonium entsteht,** ist eine für Deutschland entscheidende Voraussetzung gegeben, um den seit **Adenauer bestehenden Verzicht auf ABC-Waffen**-Herstellung[40] zu erhalten.

Thoriumöfen hinterlassen kein Plutonium.

Die heute noch in Deutschland Plutonium erzeugenden Atomreaktoren können Schritt für Schritt abgelöst werden[41]. Auf Endlagerungen und Transport kann beim (T)HTR verzichtet werden[42].

1.3.5.3 keine Terror- und Katastrophengefahr

Bei gewaltsamer Zerstörung würden die Panzerkugeln und -körner allenfalls zerstreut. Bei Terrordrohung wird das Core durch Schwerkraft **in Minuten entleert,** die Kugeln fallen unten heraus, so dass die Reaktion sofort erlischt.

Thorium verzehnfacht unsere Rohenergiebasis.

1.3.5.4 Risiko-Versicherung

Die Risiken des HTR unterfallen üblicher Industrieversicherung. Bei bisherigen Reaktoren sind „Restrisiken" und Schadenhöhe aber unbegrenzt. Alle setzen darauf, dass der Fall nicht eintritt[43] - **dies ist unverantwortlich!**

1.3.5.5 Versorgungs-Sicherheit

Uran und Thorium kommen vor allem aus politisch stabilen Regionen (Kanada, Australien). Man kann Uran sogar aus Meerwasser oder aus Kohlekraftwerks-Asche gewinnen. Sie werden in mehreren Recycles zu rund 80 % in Energie umgesetzt, viel besser als in heutigen Reaktoren. Daher ist eine

---

[40] Dokumentation 2.3.20
[41] Dokumentation im Teil „Kern"
[42] Dokumentation im Teil „Kern"
[43] Dokumentation im Teil „Kern"

Sprit mit Kernwärme aus Biomasse und Kohle

Versorgung des deutschen, aber auch des weltweiten Bedarfes an Uran und Thorium **auf Jahrhunderte gesichert**. Damit wird auch die Versorgung aller anderen Rohstoffe sicherer, die Hochtemperatur-Energie benötigen[44][45].

Kugelbettöfen aus Jülich bieten seit 1980 endgültig naturgegebene Sicherheit.

1.3.5.6 Lagerung von Abfällen

Die Endlagerung strahlender Abfälle ist grundsätzlich anders als heute. Weil die Kugeln nach Abbrand kaum Strahlung abgeben, verbleiben sie **auf dem Reaktorgelände** unter Beton zum Abklingen, ggf. für hunderte von Jahren[46]. Durch weitere Forschung wie Transmutation, Spallation, kann man voraussichtlich vorher eine nützliche Verwendung finden[47].

Kugelbettöfen sind besonders geeignet für:
Energieversorgung von Großstädten.
Prozesswärme für chemische Industrie
Sprit aus Biomasse

1.3.6 Umwelt-Einflüsse

Nur wenig Wärme geht an die Umwelt. Flüsse werden nicht aufgeheizt. Man kann Kugelbett-Reaktoren nahe Wohngebieten, z.B. bei Stadtwerken betreiben. Die großen Fern-Netze werden entlastet, die „Netzverluste" (heute etwa 10 %) damit reduziert. Abwärme kann zur Gebäudeheizung genutzt werden. Die meisten **Vorteile großer zentraler Kraftwerke** sind bei dieser Lösung **gegenstandslos**. **Lärmbelastung** wird weit unter der Toleranzschwelle gehalten.

---

[44] Dokumentation im Teil „Kern"
[45] Dokumenation im Teil „Kern"
[46] Dokumentation im Teil „Kern".
[47] Dokumentation im Teil „Kern"

Kosten und Wirtschaftlichkeit

Eine **Sichtstörung** durch Dampfwolken oder Windrotoren **entfällt**. Meist genügt ein Trocken-Kühlturm, wie in Hamm-Uentrop[48].

1.3.7 Kosten und Wirtschaftlichkeit

Selbst ohne Detail-Rechnung liegt auf der Hand, dass durch die entbehrlichen Sicherheitsbauten günstiger als heute gebaut werden kann[49].

1.3.7.1 Investition, Bauphase inklusive Rückbau

Der Prototyp in Hamm kostete 2,3 Mrd. Euro, davon zwei Drittel aufgrund inzwischen überflüssiger behördlicher Auflagen. Heute kosten Kohle- oder Kern-KW zwischen 1.000 und 3.000 € pro KW. Wir setzen hier 2.000 € für den Kugelbett-Reaktor an.

1.3.7.2 Kosten der Brennstoffe

Lt. FAZ vom 15. April 2009 kostet 1 Kg. Yellow Cake aktuell unter 100 USD, also unter € 70.000 pro Tonne. Für einen 300 MW$_{el}$ Kugelbettofen werden p.a. rund 75 to Uran verbraucht, wir setzen kaufmännisch vorsichtig einen Preis von 200.000 €, d.h. 15 Mio. € an[50].

Die Endlagerung der Spaltprodukte ist durch Panzerkörner (Siliziumkarbid) praktisch unbegrenzt.

1.3.7.3 andere Betriebskosten

Die Betriebskosten liegen unter denen heutiger Kernkraftwerke, weil weniger Sicherheitsvorkehrungen erforderlich sind, geprüft und gewartet werden müssen[51].

---

[48] Dokumentation im Teil „Kern"
[49] Der Hamm-Uentroper Prototyp kostete insgesamt rund 2,3 Mrd. Euro. Dokumentation im Teil „Kern".
[50] Der Preis von Uran liegt deutlich unter 100.000 Euro je Tonne. Dokumentation im Teil „Kern"
[51] Maßnahmen gegen eine Überhitzung, für zusätzliche Kühlung entfallen. Dokumentation im Teil „Kern".

1.3.7.4 Wirtschaftlichkeits-Rechnung HTR (siehe Tabellen-Anhang)

Da es sich um eine neue Ära der Kernkraft handelt, sind Erfahrungen noch kaum gegeben. Dennoch können die Erzeugungskosten bereits grob abgeschätzt werden. Die gesamte Rechnung ist im Teil „Kern" wiedergegeben. Aus dem Betrieb des HTR 300 in Hamm-Uentrop liegen belastbare Erfahrungen vor, die wir hier nutzen[52]. Die Kosten je MW_{el} reichen heute je nach Energiequelle von Euro 1 Mio. bis über 8 Mio.- wir rechnen mit 2 Mio. nach der Proto-Typ-Phase. Eine Übersicht ist im Tabellen-Anhang[53].

Vorsichtig wurde angenommen, dass 30 Prozent der Jahres-Kosten - statt üblicherweise nur 5 % bis 10 % [54] - auf die Brennelemente entfallen. Später werden Investition und Betrieb durch Serienproduktion der Kugelbett-Reaktoren und zunehmende Erfahrung voraussichtlich nochmals sinken. Wo Erfahrungen in Vergessenheit geraten sind, arbeiten wir mit realistischen Annahmen.

1.3.7.5 Dualer Vorteil Wärme und Strom

Das gesamte Wärmegefälle von etwa 950^0C hinunter wird in 3 bis 4 Scheiben aufgeteilt; wir rechnen in thermischen kWh:

etwa 3,25 Mrd. kWh_{th} werden als Wärme mit dem Kühlgas Helium bzw. Dampf an das Hydrierwerk übergeben

mit 2,3 Mrd. kWh_{th} wird Strom über Turbinen erzeugt, bei 40 % Wirkungsgrad ergeben sich gut 900 Mio. kWh_{el} an Strom

ein verbleibender Rest von 300.000 kWh_{th} unter 50 ^0C ist Abwärme oder kann zur Fernheizung genutzt werden

---

[52] Dokumentation im Teil „Kern"
[53] Dokumentation im Teil „Kern"
[54] Dokumentation im Teil „Kern"

Kosten und Wirtschaftlichkeit

damit werden 90 % der Jahresstunden (8.760 ./.10 % = 7.884 h) für die Energie-Arbeit genutzt, der Rest ist Wartung und Schwund

Wenn so insgesamt jährlich 5,5 Mrd. kWh$_{th}$ Wärme und für Strom erbracht werden - eine realistische Annahme[55] nach den Erfahrungen von Hamm-Uentrop - stellt sich der Preis auf etwa 3,1 Cent pro KWh$_{th}$ Wärme bzw. 7,8 Cent pro kWh$_{el}$ Strom. Darin sind die Kosten für Rückbau/ Stilllegung/ Endlager bereits enthalten.

Dieser liegt in der Nähe des Preises heutiger Kraftwerke und auch für die zur Sprit-Hydrierung abgeführte Wärme ist dies ein günstiger Satz. **Ins Gewicht fallen aber auch die Verminderung von Öl- und Gas-Importen und die Schaffung sehr guter Arbeitsplätze in Deutschland.**

1.3.7.6 Kosten der Verteilung – die Netze

Die Netze könnten bei dezentralen kleineren Kraftwerken deutlich leichter gebaut werden als heute, wo sie Hunderte Kilometer überbrücken müssen – mit zusätzlichen Risiken und Kosten.

Vorläufig aber werden die bestehenden Netze genutzt. Sie werden in ihrer Belastung geschont und bleiben dadurch länger erhalten. Die heute hohen Verteilungskosten (Netz-Nutzung) werden daher keinesfalls steigen, sondern eher sinken, weil der kosten- und verlustträchtige Ferntransport verringert wird.

1.4 Komplette Energie-Bilanz

Das ganze Verfahren hat Zukunft, wenn die insgesamt **aufgewendete** Energie in einem guten Verhältnis zur **gewonnenen** steht.

Alle Schritte müssen daher auf ihren Energieverbrauch überprüft werden:

---

[55] Dokumentation im Teil „Kern"

Anbau und Heranschaffen von Biomasse

Landwirtschafts-Maschinen (Herstellung von, und Treibstoff für Traktoren, Erntemaschinen und LKW)

Kunstdünger (Herstellung und Transport, Ausbringung auf den Feldern)

Braunkohle, Steinkohle (Abbau, Aufbereitung, Transport)

Aufbau und Betrieb der Hochtemperatur-Reaktoren

Aufbau und Betrieb der Hydrierwerke

Umrüstung der Tankstellen und Verteilnetze

Umrüstung der Fahrzeuge und Motoren

Eine technisch/kaufmännisch einwandfreie end-to-end Bilanz dieser Energie-Verbrauche und –Erzeugungen ist bisher nicht bekannt. Es ist aber bekannt, dass die meisten dieser Prozesse bereits heute in der einen oder anderen Form separat betrieben werden und **sich daher je für sich schon rechnen.** Dies geschieht **ohne die günstige HTR-Wärme,** mit heutigen hohen Energiekosten. Vereinigt man die Teilprozesse wie hier beschrieben und führt die günstige HTR-Wärme zu, so kann die **Gesamtbilanz nur deutlich günstiger** werden.

Lediglich bei dem Landwirtschafts-Teil sind durch die heutige Subventionsstruktur die wahren Energieverbrauche nicht in den Preisen ausgewiesen. Dieses Risiko wird aber kompensiert, weil die neu aufzubauende Biomasse-Gewinnung und –Transport-Struktur von vornherein nach optimaler Wirtschaftlichkeit angelegt wird.

Eine absolut neutrale Energiebilanz sollte man im Übrigen auch nicht verlangen, weil die mobile und autarke Energie immer einen höheren Wert für Verbraucher darstellt, als stationäre Energien.

Mein besonderer Dank gilt Herrn Hermann Josef Werhahn, Neuss

Kosten und Wirtschaftlichkeit

für seine vielfältigen Anregungen und Informationen.
Ebenfalls danken möchte ich den folgenden Personen, die mit konstruktiven und kritischen Hinweisen zu Klärungen und Präzisierungen halfen:

Dr. Hasso Bertram	Prof. Dr. Georg Menges
Dipl.-Ing. Hartmut Bode	Dipl.-Ing. Thom. Michels
Dr. Helmut Boettiger	Prof. Dr. Wolfgang Ockenfels OP
Dr. Urban Cleve	Dr. Gabriele Peterek
Dr. Günther Dietrich	Frank Umbach
Dipl.-Ing. Franz Ferrari †	Dr. Stefan Schaffner
Dipl.-Kfm. Gregor Gielen	Hans-Friedr. Schmeding
Dr. Klaus J. Hoss	Hans-Moritz von Harling
Prof. Dr. Jürgen Knorr	Michael Wefers
Prof. Dr. Günter Lohnert	Mr. Zhang Jiagiang
Prof. Dr. Herbert Mataré	Markus Mirgeler

sowie Mitarbeiter unter anderen der folgenden Institutionen:
www.buerger-fuer-technik.de
www.energie-fakten.de
Informationskreis Kern-Energie – Öffentlichkeitsarbeit
Braunkohle-ForumFAchagentur nachwachsende Rohstoffe
Waldbesitzer-Verband
Darüber hinaus gibt es zahlreiche weitere Personen und Institutionen, die geholfen haben und nicht ausdrücklich genannt werden möchten.

2 Dokumente und Bewertung[56]

Hier sind die Unterlagen zur Dokumentation für die Trilogie zusammengestellt. Sie sind nach den drei Haupt-Sachgebieten geordnet. In diesem Teil der Trilogie ist es das Material zur Biomasse: wir untersuchen die

- Vorräte, Energie-Gehalte
- Gewinnung
- Sammeln
- Hydrieren, ansatzweise, soweit nicht im Teil „Sprit"
- Ausserdem übergreifend auch für die Teile „Kern" und „Sprit"
- Dezentrales Wohnen und Leben
- Ethik und soziale Aspekte

In den anderen Teilen der Trilogie untersuchen wir die Themen:

Teil „Kern" - Hochtemperatur

      Kugelbett-Reaktor, Prozesswärme,

Teil „Sprit" - Treibstoff

      Bedarf, Erzeugung, Verteilen, Verwendung, Technik

Die Dokumentation wird laufend ergänzt, wenn neue Erkenntnisse bekannt werden. Zu allen Punkten sind Hinweise und Kritik jederzeit gerne willkommen.

---

[56] Fremde Urheberrechte oder Copyrights zu verletzen, ist nicht beabsichtigt. Alle Website- oder sonstige mögliche Rechte-Inhaber wurden schon 2009 und wie folgt im Dezember 2010 angeschrieben. „…… In Kürze wird die Broschüre „Umsteigen statt Aussteigen" mit der kompletten Dokumentations-Sammlung als Buch erscheinen. In dieser Sammlung befinden sich auch Texte und Bilder, die im Internet veröffentlicht oder mir persönlich übergeben wurden. Oft sind Institutionen, Verbände oder Firmen die Website-Betreiber. Die persönliche Urheberschaft ist oft nicht eindeutig zu erkennen. Daher bitte ich Sie, mir umgehend mitzuteilen, falls Sie Bedenken gegen eine ordnungsmässig zitierte Veröffentlichung haben. Gerne sende ich Ihnen dann zur Genehmigung die entsprechenden Stellen zu. Ansonsten gehe ich davon aus, dass Sie keine Einwände gegen eine Veröffentlichung im Rahmen des Buches haben…" Die darauf eintreffenden Hinweise wurden berücksichtigt.

Biomasse – Grunddaten und Zusammenhänge

2.1 Biomasse

(nach Wikipedia und anderen Quellen)

Biomasse bezeichnet die Gesamtheit der Masse an organischem Material in einem definierten Ökosystem, das biochemisch synthetisiert wurde. Sie enthält also die Masse aller Lebewesen, der abgestorbenen Organismen (Detritus) und die organischen Stoffwechselprodukte. Etwa 60 Prozent der Biomasse der Erde wird durch Mikroorganismen dargestellt.

2.1.1 Biomasse – Grunddaten und Zusammenhänge

Die Gesamtmasse des Kohlenstoffs in lebenden Organismen wird mit $280 \cdot 10^9$ Tonnen angegeben. Nach neueren Schätzungen wird die jährliche Gesamtproduktion der Biomasse auf der Erde an organischem Kohlenstoff auf $173 \cdot 10^9$ Tonnen geschätzt. Dabei entfallen auf den Festlandbereich $118 \cdot 10^9$, auf den marinen Bereich $55 \cdot 10^9$ Tonnen.

Biomasse wird als Frischgewicht oder Trockengewicht pro Kubikmeter Volumen oder Quadratmeter Oberfläche ermittelt.

Primärproduzenten (Pflanzen) sind durch die Photosynthese in der Lage, aus für die Energiegewinnung nicht nutzbaren Stoffen (CO_2, H_2O, Mineralstoffe) unter Energiezufuhr Biomasse (vor allem in Form von Kohlenhydraten) aufzubauen. Die Primärproduzenten werden als Nahrung von Konsumenten genutzt zur Produktion von tierischer Biomasse. Dies bedeutet, dass ausschließlich Pflanzen in der Lage sind, Biomasse aufzubauen. Tiere können ihre Biomasse nur aus anderer Biomasse aufbauen. Deshalb würden ohne Pflanzen alle Tiere verhungern.

Das gilt analog auch für Menschen. Wir sind also auf die Pflanzen in jedem Fall angewiesen, entweder direkt als Gemüse und Obst oder nach Umwandlung durch Tiere als Fleisch oder Fisch.

Fossile Energieträger, also Kohle, Erdöl, Erdgas und auch Torf sind zwar nach herrschender Meinung auch aus Biomasse entstanden, werden dieser aber nicht zugerechnet.

Ansichten, dass diese Rohstoffe rein aus an-organischen Vorgängen mit hohen Drücken in den Tiefen der Mineralschichten entstanden seien, ist relativ neu, hat auch für unser Projekt noch keinen erkennbaren Belang.

Ausserdem schafft auch die Chemosynthese Biomasse. Hier wird im Gegensatz zur Photosynthese die notwendige Energie nicht aus Licht, sondern aus anorganischen Stoffen wie Schwefelwasserstoff gewonnen, die aus dem Erdinneren – zum Beispiel in heissen Quellen - austreten. Die dort lebenden Organismen sind in der Gesamtmasse allerdings gering Ihr Anteil an der Gesamtproduktion an Biomasse ist deshalb verschwindend gering und zu vernachlässigen.

Die in der Biomasse biochemisch gespeicherte Sonnenenergie kann auch als sich selbst erneuernder Energielieferant (nachwachsende Energiequelle) für die Gewinnung von Wasserstoff, elektrischer Energie oder als Kraftstoff genutzt werden (Erneuerbare Energie).

Die Verwendung von Biomasse zur Erzeugung von Wärme, elektrischer Energie oder als Kraftstoff in Form von Ethanol-Kraftstoff und Cellulose-Ethanol ermöglicht eine ausgeglichene CO_2-Bilanz, da nur die Menge CO_2 ausgestoßen wird, die zuvor biochemisch gebunden wurde.

Biomasse – Grunddaten und Zusammenhänge

Bio-Kern-Sprit
umsteigen statt aussteigen !

Kurzfassung KSG

- CO_2 plus Luft plus Licht (Photosynthese)
- ergeben Traubenzucker, Eiweiss, Fette (= Pflanzen = Biomasse)
- plus Druck, plus Wärme ergibt Kohle, Öl

dann

- Verzehr/Verbrennung durch **Tier, Mensch, Motor,** Heizung

  - setzt frei : Energie + CO_2 (niedrig-Energie)

J.K. Michels, Unternehmensberatung, Neuss
www.biokernsprit.org

September 11

Das vorstehende Schema zeigt diesen Kreislauf.

Wenn der über Hunderte von Jahrmillionen fossil gespeicherte Kohlenstoff innerhalb weniger Jahrzehnte in die Atmosphäre entlassen wird, erscheint eine gewisse Wirkung plausibel. Führende Forscher und Institute kommen neuerdings zunehmend zu dem Schluss, dass sich das Klima durch Menschen nicht nennenswert verändern lässt. Ob die noch herrschende Meinung, dass CO_2 das Klima nachteilig beeinflusst, der Wahrheit entspricht, kann hier nicht bewertet werden.

Nicht nur CO_2-neutral sondern sogar CO_2-reduzierend ist die Gewinnung von Wasserstoff als sekundären Energie-Träger durch Dampf-Reformierung unter Abscheidung und Endlagerung von CO_2. Bei diesem Verfahren wird

Sprit mit Kernwärme aus Biomasse und Kohle

das von den Pflanzen der Atmosphäre entzogene Kohlendioxid der Atmosphäre nicht wieder zugeführt. Das entzogene Kohlendioxid bleibt also durch Endlagerung (etwa mit dem CCS Verfahren in vormaligen Erdgas-Lagerstätten) der Atmosphäre dauerhaft entzogen. Bei Verbrennung von Bio-Masse jedoch entstehen Schadstoffe, die denen ähnlich sind, die bei fossilen Energiequellen anfallen. (z. B. Stickoxide, Schwefelverbindungen, Aromate, Rußpartikel).

In Entwicklungsländern ist Biomasse in Form von Holz, Pflanzenabfällen und Dung eine der wichtigsten Energiequellen. Biomasse kann auch als Flüssigbrennstoff genutzt werden, so in Brasilien, wo man aus Zuckerrohr Alkohol herstellt, der als Treibstoff eingesetzt wird. Besonders aussichtsreich wird die Umwandlung von Biomasse in Cellulose-Ethanol als regenerativem Autokraftstoff gesehen. In der chinesischen Provinz Sichuan dient Tierdung zur Gewinnung von Biogas. Verschiedene Forschungsprojekte haben das Ziel, die Energiegewinnung aus Biomasse weiter voranzutreiben (siehe Cellulose-Ethanol). Die wirtschaftliche Konkurrenz zum verhältnismäßig billigen Erdöl hat jedoch bisher dazu geführt, dass solche Vorhaben noch nicht in ein großindustrielles Stadium gelangt sind.

Ein großes Problem der bisherigen Nutzung von Biomasse als Kraftstoff ist, dass nur ein relativ geringer Teil der chemisch gebundenen Energie nutzbar gemacht wird. Im Labor ist es inzwischen jedoch gelungen, den natürlich ablaufenden exothermen Inkohlungsprozess nachzuempfinden (hydrothermale Karbonisierung - siehe den Beitrag von Markus Antonietti im Teil III Sprit) - und so praktisch ohne Zufuhr von Energie den gesamten Kohlenstoff in Form von Kohle bereitzustellen. In Zukunft soll es auch möglich sein, Erdöl künstlich herzustellen. Kurz vor dem Durchbruch zur großtechnischen An-

geeignete Einsatzstoffe

wendung steht dieses Verfahren jedoch 2006 – und auch heute - noch nicht. Eine Alternative zur chemischen Umsetzung bildet die biologische Umsetzung zu

Cellulose-Ethanol.
Kraftstoffe auf Biomasse-Basis
Biodiesel - Dieselherstellung aus Pflanzenölen oder tierischen Fetten
BtL-Kraftstoff - Dieselherstellung aus fester Biomasse
Bio-Ethanol
Cellulose-Ethanol
Biowasserstoff
Biogas (Kompogas)
Pöl Pflanzenöl als Kraftstoff

Einige dieser Verfahren und Produkte werden im Weiteren von Fall zu Fall mit aufgegriffen.

2.1.2 geeignete Einsatzstoffe

Zwar lautet der Titel unseres Werkes „BioKernSprit" um den Schwerpunkt „Nachhaltigkeit durch lebende Stoffe" zu kennzeichnen. Und in den meisten Fällen sind auch die heute leblosen geeigneten Kohlenstoffträger ursprünglich durch Photosynthese aus lebendigen Pflanzen entstanden. (Die neuerliche Theorie, dass petrochemische Rohstoffe ganz ohne Biologie, nur unter Druck und Temperatur aus Mineralien entstanden sein sollen, konnten wir noch nicht genügend prüfen.)

Doch möchten wir die Einsatzstoffe nicht dahingehend einschränken, sondern neben Pflanzen auch Kohlen, Torf, Bitumen, Erdpech, Raffinerie-Abfälle, Gichtgas und Kunststoff-Abfälle einbeziehen. Sollten Experten weitere Stoffe empfehlen, umso besser.

Dabei muss die Prioritätensetzung – abgesehen von der Verfügbarkeit – sich an der Nachwuch-Intensität ausrichten. Der Stoff, der in der freien Natur am leichtesten und schnellsten neu wächst, ist immer dem Stoff vorzuziehen, bei dem das schwieriger ist oder länger dauert.

Daher sind schnellwachsende Pflanzen besser als solche die viele Jahre benötigen – gleichen Energiegehalt natürlich vorausgesetzt.

Pflanzen sind generell dem Torf oder der Braunkohle vorzuziehen, diese der Steinkohle. Abfälle sind besser als neu zu gewinnende Stoffe, vor allem wenn die Abfälle, die sonst entsorgt werden müssten, damit gleichzeitig einer Nutzung zugeführt werden.

Bei kurzen Beschreibungen stützen wir uns um wesentelichen auf offen verfügbare Informationen, z.B. aus Wikipedia.

2.1.2.1 Pflanzen

Die Hydrierung von Pflanzenölen wird an vielen Stellen (zum Beispiel im Bericht der Fachagentur nachwachsende Rohstoffe oder in Wikipedia) als wünschenswert für die Beimischung mit anderen Treibstoffen bezeichnet. Hier können aus Platzgründen nicht alle irgendwie geeigneten Pflanzen erwähnt werden.

Wir konzentrieren uns auf die besonders günstigen.

2.1.2.1.1 Holz, Wald

Bäume und ähnliche Pflanzen stellen wohl die wichtigsten nachwachsenden Rohstoffe dar, die man zu Sprit veredeln kann.

geeignete Einsatzstoffe

Laut Wikipedia hat die Bundesrepublik ca. 357.111 qkm Fläche. Das sind 35,7 Millionen Hektar. Die Waldfläche in Deutschland beträgt 105.315 .000 Hektar, bzw. nach der zweiten Bundeswaldinventur 11.075.798 Hek-

Nutzung der BRD-Fläche von insgesamt 357.111 qkm = 35,7 Mio. Hektar	%	qkm	Hektar (ha) 1. Angabe	Hektar (ha) 2. Angabe
sind landwirtschaftlich genutzt:	53,5	190.995		
sind mit Wald bestanden	30	105.315	10.531.000	11.075.800
dienen für Siedlung- und Verkehrsfläche	12,3	43.911	4.391.100	8.925.000
sind Wasserflächen	1,8	6.426		
Ödland und Tagebaugebiete verbleiben	2,4	8.568		

tar, entsprechend 29, 5 bzw. 31 % der Staatsfläche. Wir rechnen vorsichtig mit 30 %. Davon sind rund 44 % Privatwald, 32 % Staatswald (29 % Landeswald und 3 % Bundeswald), 19 % Körperschaftswald und 5 % Treuhandwald. Dieser vergleichsweise hohe Waldanteil ist den Aufforstungsbemühungen hauptsächlich des 19. Jahrhunderts zu verdanken.

Die Waldfläche wächst weiter, in den letzten 15 Jahren um durchschnittlich 3500 Hektar pro Jahr. Im Vergleich zur Waldfläche sind 25 % Deutschlands der Siedlungsfläche zuzurechnen, davon sind 50 % vollständig versiegelt (täglich um 129 Hektar oder 47.000 Hektar pro Jahr zunehmend). Dadurch werden jährlich rund 3500 Hektar Wald zerstört.

Informationen zu diesem Abschnitt wurden außerdem beschafft von

F.O. Licht, - ZMP, - UFOP,

FAZ vom 9. Sept. 2010 Seite 18

(Anm. des Herausgebers: Man sieht bereits aus diesen Angaben, dass es Abweichungen gibt, doch scheint die Annahme vertretbar, dass Wald ca. 30

Prozent unsers Landes bedeckt und damit rund 10.700.000 Hektar Fläche einnimmt.)

Die Zunahme der Waldfläche ergibt sich durch Aufforstungen (hauptsächlich von landwirtschaftlichen Flächen) und die sukzessive Bewaldung degenerierter Moorstandorte. Deutschland ist damit dennoch wieder eines der waldreichsten Länder in der Europäischen Union.

Seit 1960 bis etwa 2004 wurde der Waldbestand um 500.000 ha (= 5.000 qkm) vergrößert. Ein Grossteil der Wälder, vor allem die Nadelhölzer sind vom Klima geschädigt (saurer Regen und seine Spätfolgen). Daher wird verstärkt Laubwald aufgeforstet, wo bisher Nadel-Monokultur herrschte.

Fasst man dies zusammen, ergibt sich folgende Tabelle:

Eigentümer der Waldfläche von insgesamt 10,7 Mio. qkm = 10,7 Mio. Hektar	%	%	Hektar (ha)
Wald-Anteil an BRD-Fläche:	30	= 100	10.700.000
Privater Besitz		44	4.708.000
Landeswald		29	3.103.000
Bundeswald		3	321.000
Körperschaftswald		19	2.033.000
Treuhandwald		5	535.000

2.1.2.1.1.1 Verfügbarkeit von Holz

Da manchmal der Einwand gebracht wird, unsere Vorräte an Biomasse seien nicht entfernt ausreichend, um daraus auch noch Sprit herzustellen, wurden die Mengen untersucht.

Der Deutsche Forstwirtschaftsrat schreibt uns im November 2009: ..."An diesem Punkt möchten wir auf die am 09.10.2009 in Frankfurt vorgestellte

geeignete Einsatzstoffe

Inventurstudie 2008 hinweisen, in der Sie genauere Zahlen zur nutzbaren Holzmenge bekommen können www.dfwr.de/aktuelles
In Deutschland wächst auf einer Fläche von 11,1 Mio. ha Wald. (siehe auch Punkt 2.1.2.1.1) Je Hektar bestehen im Mittel 320 Kubikmeter Holzvorrat. Der Gesamtvorrat beträgt laut Bundeswaldinventur II rund 3,4 Mrd. m³ Holz, Frankreich folgt mit 2,98, Schweden mit 2,93, Finnland mit 1,94 Mrd Kubikmeter.

Holz-Abgang aus dem Wald besteht aus :	m³
Nutzung	70,5
natürlich abgestorben, im Wald verbleibend	7,2
Rinden, Rindenbestandteile, Ernteverlust	19,1
nicht verwertet	4,8
unter der Aufarbeitungsgrenze liegende Mengen	5,1
= jährlicher Abgang in Mio. Kubikmeter	106,7

Der jährliche Abgang (das ist die Summe aus Nutzung und natürlich abgestorbenem, nicht verwertetem, im Wald verbleibenden Holz, Rindenbestandteilen sowie Ernteverluste und Mengen unter der Aufarbeitungsgrenze) beträgt laut Inventurstudie 2008 etwa 106,7 Mio. m³. Das Verbleiben von Biomasse im Waldbestand ist wichtig für unzählige Lebewesen und die Erhaltung der Leistungsfähigkeit der Böden. Laut Inventurstudie 2008 beträgt der aktuelle Zuwachs in den deutschen Wäldern 11,1 m³ pro Jahr und Hektar. Als Zuwachsprozent ausgedrückt sind dies 3,34% des vorhandenen Waldholzvolumens."
(Anm. des Hrsg: 11,1 m³ mal 10,7 Mio. ha sind rund 119 Mio Kubikmeter, die pro Jahr in Deutschland nachwachsen. Eine andere Angabe lautet, dass 113,56 Mio. m³ nachwachsen bzw. dass es 11,1 Mio. Hektar sind.

Wir rechnen vorsichtig mit der kleineren Zahl.)

„Nach Ihren Berechungen betragen die anderweitigen Nutzungen von Biomasse 57 Mio. t Rohdichte. Umgerechnet sind das bereits 102 Mio. m³ Biomasse.

Der Deutsche Forstwirtschaftsrat (DFWR) ist die repräsentative Vertretung aller mit der Forstwirtschaft und dem Wald befassten Akteure der Bundesrepublik Deutschland. Er spricht im Namen von rund 2 Millionen Waldbesitzern, die eine Fläche von 11,1 Millionen Hektar Wald, das sind 31 % des Bundesgebietes, im Interesse der Waldwirtschaft ebenso wie im Interesse der Landeskultur und des Umweltschutzes pflegen und bewirtschaften."

Aufgrund dieser Informationen errechnet sich die sofort verfügbare Biomasse, wie folgt

Bei jährlich nachwachsenden 113,56 Mio. m³ = 57,0 Mio. to Rohdichte
    und nach Abgang von 106,7 Mio. m³ = <u>53,5 Mio. to</u>
    bleiben als sofort verfügbar übrig rund = 3,5 Mio. to.

Dabei sind die nicht verwerteten und unter der Aufarbeitungsgrenze liegenden Mengen nicht berücksichtigt. Es handelt sich wohl um Reste, die beim Verarbeiten anfallen (Sägemehl, Spaltreste, unebene Teile, Gestrüpp, Bauholzverschnitt usw.). Diese Mengen sind bereits aus dem Wald herausgeholt worden und daher dem Transport gut zugänglich. Sie fallen heute noch zum grossen Teil der natürlichen Verrottung anheim.

Bei geschickter Organisation kann man davon sicher mindestens die Hälfte zur Hydrierung nutzen. Damit sind von diesen fast 10 Mio. to zur Spritgewinnung nochmals knapp 5 Mio. to. verfügbar.

Damit käme **schon heute** eine Menge von gut **8 Mio. Tonnen Holz als Biomasse für die Hydrierung in Betracht.** Das ist wohl-

geeignete Einsatzstoffe

gemerkt ohne jeden nachteiligen Effekt auf die Nahrungsversorgung, die Anbauflächen oder andere Holzverwertung. Zu erwarten ist ausserdem, dass die Holz-Züchtung, -Verwendung und auch die Anbaudichte sich ändern werden, wenn sich hier eine lohnende Verwertung solcher Holzvorräte abzeichnet, in dem sie zur Sprit-Erstellung eingesetzt werden können.

So betreibt der Pionier Viessmann bereits den Anbau von Energiepappeln – siehe Abschnitt 2.1.6.

Auch das RWE pflanzt Pappeln im Westerwald, wie die FAZ berichtet und in Abschnitt 2.1.7. wiedergegeben ist.

2.1.2.1.1.2 Symposium: Holz - Rohstoff der Zukunft

Es folgt die Agenda des Symposiums vom 20./21. Okt 2008, übermittelt mit freundlichen Grüßen durch Herrn Dr. Hansen von der Fachagentur nachwachsende Rohstoffe. `www.fnr.de/symposiumholz` Schon damals wurde die Bedeutung und der Nutzen des Holzes für die Energiewirtschaft erkannt und unter diversen Aspekten beleuchtet.

Holz – Rohstoff mit Zukunft

Dr. Jörg Wendisch, Bundesministerium für Ernährung, Landwirtschaft und Verbraucherschutz

Grußwort

Georg Windisch, Bayerisches Staatsministerium für Landwirtschaft und Forsten

Holznutzung und Nachhaltigkeit

Prof. Dr. Jürgen Rimpau, Rat für Nachhaltige Entwicklung der Bundesregierung

Ergebnisse der Clusterstudie

Dr. Matthias Dieter, Johann Heinrich von Thünen-Institut

Marktnaher Cluster Bayern
Prof. Dr. Gerd Wegener, Cluster Forst und Holz in Bayern
Marktbedeutung und Wertschöpfung
Marktbedeutung und Wertschöpfung – Waldbesitz
Josef Spann, Vorsitzender Bayrischer Waldbesitzerverband e.V.
Marktbedeutung und Wertschöpfung –Forstwirtschaft
Dr. Carsten Leßner, Geschäftsführer des Deutschen Forstwirtschaftsrat
Marktbedeutung und Wertschöpfung –Holzwirtschaft
Ullrich Huth, Präsident des Deutschen Holzwirtschaftsrates
Marktbedeutung und Wertschöpfung –Energiewirtschaft
MdB Helmut Lamp, Vorstandsvorsitzender des Bundesverbandes BioEnergie e.V.
Potentiale und Perspektiven
Schlussfolgerungen aus Clusterstudie für die Forst- und Holzwirtschaft
Prof. Konstantin Freiherr von Teuffel, Vorsitzender der German Support Group Forest-Based Sector Technology Platform (Plattform für Forst und Holz)
Perspektiven der Züchtung für die Holzproduktion
Dr. Bernd Degen, Johann Heinrich von Thünen-Institut
Potenziale der Forstwirtschaft
Prof. Dr. Spellmann, Nord-Westdeutsche Forstliche Versuchsanstalt
Rohstoffeffiziente Holzverwendung
Prof. Dr. Arno Frühwald, Johann Heinrich von Thünen-Institut
Podiumsdiskussion „Holz – Rohstoff mit Zukunft"
  Diskussionsleitung: Dirk Alfter, Holzabsatzfonds
• Ullrich Huth, Präsident des Deutschen Holzwirtschaftsrates

geeignete Einsatzstoffe
- MdB Georg Schirmbeck, Präs. des Deutschen Forstwirtschaftsrates
- Dr. Jörg Wendisch, Bundesministerium für Ernährung, Landwirtschaft und Verbraucherschutz
- Prof. Dr. Arno Frühwald, Johann Heinrich von Thünen-Institut
- Dr. Matthias Dieter, Johann Heinrich von Thünen-Institut
- Prof. Konstantin Freiherr von Teuffel, Forstliche Versuchsanstalt Baden-Württemberg

Zusammenfassung/ Ausblick: Einordnung der Veranstaltung in den Gesamtkontext (Energie/Klima/ Umwelt/Rohstoff)
Dr. Jörg Wendisch, BMELV
Soweit die Agenda von 2008. Seitdem unterrichtet die Fachagentur laufend über ihre weiteren Aktivitäten in Konferenzen, Veröffentlichungen und anderen Informationen.

2.1.2.1.1.3 Fachagentur nachwachsende Rohstoffe

Die „Fachagentur nachwachsende Rohstoffe" (FNR) beim Bundesministerium für Umweltschutz (BMU) erläutert im nationalen Biomasseaktionsplan von 2009, dass wir Holzvorräte von 3,4 Mrd. Kubikmeter haben, und dass **weniger genutzt wird als nachwächst**. 20 bis 25 Mio. cbm davon wurden für Energie genutzt. Bereits 2007 wächst dieses Holz auf einer Fläche von 1,75 Mio. ha. Es wird ein Anstieg angenommen. Bis 2020 könnten insgesamt 2,5 bis 4 Mio. ha Ackerfläche für Energie- und andere Nutz-Hölzer genutzt werden.

Zwar sagt der Bericht auf Seite 11, dass die Nutzung des Holzes für Biofuel eine geringere Energieausbeute biete als beim Heizen oder der Kraft-Wärme-Kopplung. Auf Seite 24 wird die Hydrierung von Pflanzenölen als wünschenswert für die Beimischung mit anderen Treibstoffen bezeichnet. Biofuel sei die einzige **Mobilitäts**-Energie in relevantem Umfang.

(Anm. d**es Hrsg.: Die angeblich geringe Energi**eausbeute ist allerdings ohne externe Energiezufuhr aufgestellt. Daher wird ein Grossteil der Biomasse Holz verschwendet um im Hydrierprozess die notwendige Wärme zu erzeugen, ähnlich wie es zur Hitlerzeit mit der Bra**u**nkohle in Leuna und anderen Kohle-Verflüssigungs-Fabriken passierte.

Daher schlagen wir vor, diese Energie mit Kugelbett-Öfen aus Kernbrennelementen zu erzeugen. Dies wird im Teil II unserer Trilogie erläutert.)

2.1.2.1.2 Chinaschilf

Chinaschilf (*Miscanthus sinensis*), auch irrtümlicherweise unter dem Namen Elefantengras bekannt, ist eine ausdauernde Pflanzenart aus der Familie der Süßgräser (Poaceae). Sie stammt aus Ostasien (China, Japan, Korea). charakterisiert sich durch eine schilfartige Wuchsform, bildet dichte bis lockere Horste aus und erreicht Höhen zwischen 80 und 200 (selten 30 bis 400) Zentimeter Die unverzweigten, festen Halme haben einen Durchmesser von 3 bis 10 Millimeter, die Knoten können kahl oder leicht behaart.

Chinaschilf ist in weiten Teilen Chinas sowie in Japan und Korea auf Berghängen, an Küsten sowie gestörten Standorten in Höhenlagen unter 2000 Meter weitverbreitet.

Miscanthus verfügt über den sogenannten C4-Metabolismus, eine unter bestimmten Umweltbedingungen besonders effiziente Form der Photosynthese; daher zeichnet sich die Pflanze, verglichen mit den C3-Pflanzen, unter bestimmten klimatischen Bedingungen durch eine besonders hohe Biomasseleistung aus.

geeignete Einsatzstoffe

Bereits 1935 wurde eine spezielle starkwüchsige Sorte, das Riesen-Chinaschilf (*Miscanthus* × *giganteus*), eine Kreuzung aus dem Chinaschilf mit *Miscanthus sacchariflorus*, von Japan über Dänemark nach Mitteleuropa eingeführt, das auch im europäischen Raum Wuchshöhen von bis zu vier Metern erreichen kann und deshalb seit dem Ende der 1970er Jahre vermehrt als nachwachsender Rohstoff zur energetischen und stofflichen Nutzung angebaut wird.

2.1.2.1.3 Mais

Als **Energiemais** wird Mais bezeichnet, der zur Energiegewinnung in Biogasanlagen genutzt wird. Da Mais als C4-Pflanze einen geringen Wasserbedarf hat und nur mäßige Ansprüche an den Boden stellt, ist er in Deutschland eine verbreitete Kulturpflanze mit hohen Erträgen an Trockenmasse pro Flächeneinheit. Durch das Erneuerbare-Energien-Gesetz (EEG) wird die Biogaserzeugung gefördert. Insbesondere nach Einführung des Nawaro-Bonus mit der EEG-Novelle 2004 wurde der Energiemaisanbau ausgeweitet.

Energiemais unterschied sich in Anbau und Sorte zunächst nicht von anderem Silomais, der vor allem als Viehfutter dient. Der Begriff wurde geprägt, um zwischen der Verwendung zur Futter- oder Nahrungsmittelproduktion einerseits und zur Energiegewinnung andererseits zu differenzieren. Zunehmend unterscheiden sich aber auch der Anbau und die verwendeten Sorten vom konventionellen Futtermais.

In Deutschland wurde 2009 auf rund 2,11 Mio. ha Mais angebaut. Vorwiegend war dieses Silomais mit rund 1,65 Mio. ha. Die oberirdischen Pflanzenteile werden gehäckselt, siliert und als Futtermittel (Maissilage) in der Rinderhaltung oder als Biogassubstrat verwendet. Die Unterscheidung erfolgt vor allem anhand der Verwendung selbst. Jedoch können auch Unterschiede in Anbau und Sortenwahl vorliegen. Daneben macht Körnermais etwa ein Viertel der deutschen Maisanbaufläche (2009: 0,46 Mio ha) aus. In Form von Corn-Cob-Mix (CCM) oder als Korn wird er nur in geringem Maße in Biogasanlagen eingesetzt.

Verwendung

Herkömmlicher Silomais ist für die Verwendung als Futtermittel züchterisch optimiert und erfüllt Ansprüche wie hohe Erträge an Trockenmasse pro Flächeneinheit, gut im Rinderpansen zugängliche Nährstoffe sowie gute Silierbarkeit, um eine längerfristige Lagerung und somit eine ganzjährige Verfügbarkeit zu gewährleisten. Die hohen Hektarerträge und die vorhandene und erprobte Erntetechnik, sowie die gute Konservierbarkeit (Silierung) machen Mais zum Hauptsubstrat in Biogasanlagen. Grundsätzlich ist Silomais immer auch zur Verwendung in Biogasanlagen geeignet. Wird die Entscheidung über die Verwendung des Ernteguts bereits beim Anbau getroffen, so kann potentiell über Sortenwahl die Energiemaiserzeugung optimiert werden.

Die Ansprüche an Silomais zur Rinderhaltung und zur Biogaserzeugung unterscheiden sich im geringen Maße. Die aus dem Futtermaisanbau übernommen Parameter werden bei Energiemaisanbau in einigen Punkten modifiziert, um den Methanertrag pro Flächeneinheit zu erhöhen. Der Effekt dieser Maßnahmen ist teilweise umstritten:

Eine geringfügig höhere Saatstärke verringert die Erosion, soll aber auch den Hektarertrag erhöhen können. Der erhöhte Nährstoffentzug sollte durch eine erhöhte Düngung kompensiert werden.

Eine frühere Ernte bei einem geringeren Verholzungsgrad (geringerer Rohfasergehalt) kann die Verdaulichkeit der Maissilage erhöhen. Silomais wird möglichst bei einem Trockensubstanzgehalt (TS-Gehalt) von etwa 32 bis

geeignete Einsatzstoffe

33 % geerntet, um eine gute Silierbarkeit zu gewährleisten und um Substanzverluste zu verhindern. Ist ein wesentlich höherer TS-Gehalt mit einem stärkeren Verholzen der Pflanze verbunden, verringert dies die Abbaubarkeit in der Biogasanlage. Saatgutproduzenten geben daher teilweise die Empfehlung, bei einem um 2 bis 3 % geringeren TS-Gehalt zu ernten. Andere Stellen halten dies dagegen nicht für notwendig. Bei der Silierung durch den höheren Wassergehalt im Erntegut möglicherweise auftretende, organisch belastete Sickersäfte sind ökologisch problematisch, können aber z. B. in der Biogasanlage vergoren werden.

Maissorten mit höheren Reifezahlen eignen sich unter den in Deutschland vorherrschenden Klimabedingungen wegen ihrer späten Abreifung nicht für den Anbau zur Futtersilageherstellung. Wegen der vermutlich geringeren Ansprüche an die Abreifung bei der Verwertung in Biogasanlagen wird die Eignung von Sorten mit etwas höherer Reifezahl untersucht. Durch ihre längere Vegetationsperiode können sie höhere Biomasseerträge liefern.

Bei der Ernte, insbesondere von trockenerem, reiferem Material, wird die Häcksellänge verringert, um die Angrifffläche für den enzymatischen Abbau im Fermenter der Biogasanlage zu erhöhen und damit zu beschleunigen und zu verbessern.

Sorten

Bisher werden in der Regel die im Silomaisanbau bewährten Sorten angebaut. Vorteile herkömmlicher Sorten gegenüber Energiemaissorten liegen in der früheren Ernte, z.B. vor der Aussaat von Wintergetreide, sowie in der flexibleren Verwendbarkeit. Durch die weniger hohen Ansprüche an Energiemais eröffnen sich allerdings auch neue züchterische Möglichkeiten. So konnten in einem Verbundprojekt der Fachagentur Nachwachsende Rohstoffe (FNR), der KWS SAAT AG, der Universität Hohenheim und der bayerischen Landesanstalt für Landwirtschaft innerhalb von fünf Jahren Steigerungen des Ertragspotenzials von rund 20 bis 25 % (um 40 bis 50 dt Trockensubstanz/ha) erreicht werden. Ziel des Projektes ist es, die Erträge in 10 Jahren nahezu zu verdoppeln. Die große genetische Variabilität des Mais wurde bzw. wird genutzt, um kurzfristig diese ertragreichen, hybriden Maissorten zu züchten. Wichtige Eigenschaften, die in den Energiemaissorten vereint wurden und werden sollen sind hoher Trockenmasseertrag, Kurztagadaption, Kühletoleranz, Trockenresistenz etc..

Wirtschaftlichkeit

Maissilage gilt, gemessen am Vergleich der Erzeugungskosten mit dem Energieertrag aus dem Gas, in der Regel als das wirtschaftlichste Biogassubstrat. Abhängig vom Verhältnis der Marktpreise möglicher Einsatzstoffe und von betrieblichen Bedingungen wie Klima- und Bodenverhältnissen, Fruchtfolge, Anlagentechnik und Verfügbarkeit kostenloser Substrate können jedoch auch mit der Nutzung anderer Substrate (z. B. Grassilage, Hirsearten, Gülle, Geflügelmist, Getreide) ähnliche oder höhere Gewinne erzielt werden.

Kritik

Durch den Maiseinsatz in Biogasanlagen wurde der Maisanbau in den letzten Jahren stark ausgeweitet. In 2007 machte der Energiemais 12,8% der Maisanbaufläche und 2,0 % der Ackerfläche in der BRD aus. Die Förderung der Biogaserzeugung durch das EEG läßt weitere deutliche Steigerungen dieser Anteile erwarten. Vom Naturschutzbund Deutschland (NABU) und vom Deutschen Verband für Landschaftspflege (DVL) werden die Veränderung des Landschaftsbildes durch den verstärkten Maisanbau und landschaftliche sowie ökologische Folgen von Grünlandumbruch als *Vermaisung* kriti-

geeignete Einsatzstoffe

siert.Der Maisanbau betrug in einzelnen Bereichen Niedersachsens im Jahr 2010 mehr als 50% der Ackerfläche. Daneben gibt es generelle Kritik am Anbau von Energiepflanzen, da eine zunehmende Flächenkonkurrenz beispielsweise zur Nahrungs- und Futtermittelerzeugung besteht. Dagegen weist das Deutsche Maiskomitee die Warnungen vor einer Vermaisung zurück.

Alternativen und Ergänzungen zum Maisanbau

Um Maismonokulturen zu vermeiden, gibt es vielfältige Bemühungen, auch andere Feldfrüchte wie Sonnenblumen und Zuckerrüben für die Biogaserzeugung nutzbar zu machen. Da Mais als wärmebedürftige Pflanze erst spät gesät werden kann, wird versucht, die Vegetationsperiode, beispielsweise mit Grünroggen als Zwischenfrucht zur Erzeugung von Ganzpflanzensilage (GPS), besser auszunutzen und so höhere Erträge pro Fläche und Jahr zu erzielen. Ein weiterer Vorteil ist, dass durch die winterliche Bodenbedeckung Nährstoffverluste und Erosion verringert werden. Auch Untersaaten, z. B. um Erosion zu vermeiden, und höhere Bestandsdichten sind möglich. Seit 2005 werden ökologische und ökonomische Aspekte des Energiepflanzenanbaus in einem umfangreichen Verbundprojekt untersucht. In sechs typischen Anbauregionen Deutschlands werden verschiedene Energiepflanzen-Fruchtfolgen getestet, darunter sowohl die heute gängigen Kulturen als auch mögliche Alternativen. Von der FNR werden zahlreiche weitere Projekte im Bereich alternativer und nachhaltiger Anbauverfahren für Energiepflanzen koordiniert.

Rechtliche Unterscheidung zwischen Energie- und Futtermais

Da für Energiemais bis 2009 eine Anbauprämie (Energiepflanzenprämie) gezahlt wurde, war eine Unterscheidung zum Silomais zur Verwendung als Futtermittel notwendig. Die Bundesanstalt für Landwirtschaft und Ernährung erfasste den Mais prämienberechtigter Anbauflächen, der in Biogasanlagen verwertet wurde und regelte die Prämienzahlung.

2.1.2.1.4 Zucker

Vielfach wird Zucker als möglicher Rohstoff für Bioethanol genannt und im gleichen Atemzug dies als fragwürdig aus ethischen Gründen abgelehnt. Gleichzeitig gibt es seit Jahren weltweit Zucker-Überschüsse die mit Steuermitteln subventioniert und anschliessend dem Markt wieder – manchmal durch Vernichtung - entzogen werden.

Hier wollen wir diesen politisch-ethischen Fragen nicht nachgehen, sondern lediglich einige ausgewählte Tatsachen aufzeigen.

Kohlenhydrate oder **Saccharide**, zu denen vor allem die Zucker und die Stärken gehören, bilden eine biologisch und chemisch bedeutsame Stoffklasse. Als Produkt der Photosynthese machen Kohlenhydrate den größten Teil der Biomasse aus. Mono-, Di- und Polysaccharide (u. a. Stärke) stellen zusammen mit den Fetten und Proteinen den quantitativ größten verwertbaren und nicht-verwertbaren (Ballaststoffe) Anteil an der Nahrung. Neben ihrer zentralen Rolle als physiologischer Energieträger spielen sie als Stützsubstanz vor allem im Pflanzenreich und in biologischen Signal- und Erkennungsprozessen (z. B. Zell-Zell-Erkennung, Blutgruppen) eine wichtige Rolle. Die Wissenschaft, die sich mit der Biologie der Kohlenhydrate beschäftigt heißt Glykobiologie.

Chemisch handelt es sich um Oxidationsprodukte mehrwertiger Alkohole, also Hydroxyaldehyde (Aldosen) oder Hydroxyketone (Ketosen) sowie davon abgeleitete Verbindungen und deren Oligo- und Polykondensate. Am weitesten verbreitet sind Monosaccharide mit fünf oder sechs C-Atomen, was einen Ringschluss ermöglicht. Einfachzucker können über glykosidische

geeignete Einsatzstoffe

Bindungen durch eine Kondensationsreaktion zu Zwei- und Mehrfachzuckern verketten.

Die Monosaccharide (Einfachzucker, z. B. Traubenzucker, Fruchtzucker), Disaccharide (Zweifachzucker, z. B. Kristallzucker, Milchzucker, Malzzucker) und Oligosaccharide (Mehrfachzucker, z. B. Raffinose) sind in der Regel wasserlöslich, haben einen süßen Geschmack und werden im engeren Sinne als Zucker bezeichnet. Die Polysaccharide (Vielfachzucker, z. B. Stärke, Cellulose, Chitin) sind hingegen oftmals schlecht oder gar nicht in Wasser löslich und geschmacksneutral.

Haushaltszucker hat die Summenformel $C_{12}H_{22}O_{11}$. Sein Energiegehalt beträgt 16,8 kJ pro Gramm (zum Vergleich: Alkohol liefert 29,8 kJ pro Gramm, Fette etwa 39 kJ pro Gramm), mit einer Dichte von 1,6 g/cm³ ist er schwerer als Wasser (1 g/cm³). Bei 20 °C sind 203,9 g Zucker in 100 ml Wasser löslich, bei 100 °C 487,2 g in 100 ml.

Stellvertretend für andere Staaten sind hier einige Fakten zu Brasilien als eines der größten Zucker-Sprit-Länder wiedergegeben. In diesem Land wird trotz seiner Grösse weniger Sprit verbraucht als in Deutschland.

Brasilien

In Brasilien wurde in den 1980er-Jahren als Alternative zu den devisenintensiven Ölimporten mit dem „Proàlcool"-Programm eine ausgeprägt einheimische Industrie für Ethanol-Kraftstoff aufgebaut, die auf Produktion und Raffination von Zuckerrohr basiert. Durch die hohen Weltmarktpreise für Zucker in den 1990er-Jahren kam die Ethanolproduktion der Zuckerindustrie in Brasilien fast zum Erliegen, doch in den letzten Jahren ist ein starker Aufschwung zu verzeichnen.

Sprit mit Kernwärme aus Biomasse und Kohle

In den Anfängen wurde reines Ethanol verwendet, wofür eigene Motoren erforderlich sind. Mittlerweile werden überwiegend so genannte Flexible Fuel Vehicles eingesetzt, die in der Lage sind, jegliche Mischung von Benzin und Ethanol zu verbrennen. Deren Anteil am Pkw-Verkauf lag in 2007 bei 86 %. An allen Tankstellen wird Benzin mit einem Anteil von 20 bis 25 % Ethanol angeboten. Der genaue Prozentsatz wird von der Regierung abhängig vom Zuckermarkt festgelegt.

Brasilien war bis 2005 der weltweit größte Hersteller und Verbraucher, wurde mittlerweile aber von den Vereinigten Staaten überholt. Die Produktion betrug 2007 knapp 19 Mrd. Liter. Der Inlandsverbrauch lag 2007 bei 16,7 Mrd. Liter, ein Anstieg um 3,7 Mrd. Liter gegenüber dem Vorjahr. Für 2008 wird eine weitere Zunahme um 2,9 Mrd. Liter vor allem aufgrund des stark wachsenden Automarktes prognostiziert. Für die Erntesaison 2007/2008 wurde ein starker Anstieg der Ethanolproduktion auf 21,3 Mrd. Liter erwartet (+22 % gegenüber dem Vorjahr). 2006 wurden 3,9 Mrd. Liter Ethanol exportiert (2005: 2,6 Mrd. Liter), davon 1,7 Mrd. Liter in die Vereinigten Staaten, 346 Mio. in die Niederlande, 225 Mio. nach Japan und 204 Mio. nach Schweden. Brasilien ist damit der mit Abstand größte Ethanolexporteur weltweit. 2007 fiel der Export entgegen den allgemeinen Erwartungen auf 3,8 Mrd. Liter zurück und auch für 2008 wird ein weiterer Rückgang aufgrund einer zurückhaltenden Biokraftstoffpolitik in vielen Ländern und der wachsenden inländischen Produktion in den Vereinigten Staaten nicht ausgeschlossen. Ein erheblicher Anteil der Exporte in die Vereinigten Staaten erfolgt nicht direkt, sondern wird aus steuerlichen Gründen über karibische Staaten (insbesondere Jamaika) abgewickelt. Dort wird der Ethanol dehydra-

geeignete Einsatzstoffe

tiert und anschließend zu Präferenzkonditionen in die Vereinigten Staaten weitergeliefert (Caribbean Basin Initiative).

Aufgrund der Verbrennung der zuckerlosen Rückstände des Zuckerrohrs (Bagasse) zur Gewinnung von Strom und Prozesswärme haben die Ethanol-Fabriken in Brasilien eine deutlich positive Energiebilanz.

2008 wurde in Brasilien sogar mehr Ethanol (15,8 Mrd. Liter) als Benzin (15,5 Mrd. Liter) gekauft (Stand: Oktober 2008).

2.1.2.1.5 Raps

Raps (*Brassica napus*) ist eine Pflanzenart aus der Familie der Kreuzblütengewächse (Brassicaceae). Es ist eine wirtschaftlich bedeutende Nutzpflanze. Genutzt werden die Samen vor allem zur Gewinnung von Rapsöl und dem Koppelprodukt Rapskuchen. Die Steckrübe *Brassica napus* subsp. *rapifera* ist eine Unterart von Raps (*Brassica napus*).

Seit 1974 wurden unter der Bezeichnung *Null-Raps* (0-Raps) praktisch erucasäurefreie (weniger als 2 Prozent im Öl) und damit für die menschliche Ernährung geeignete Raps-Genotypen entwickelt, deren Saat einen höheren Anteil der besser verträglichen Öl- und Linolensäure enthält. Livio war das erste kommerziell vertriebene Raps-Speiseöl in (West-)Deutschland.

Heute wird in Deutschland beinahe die gesamte Anbaufläche mit 00-Raps bestellt. Daneben wurden für die Produktion von Erucasäure als industrieller Rohstoff erucasäurereiche, aber glucosinolatarme Sorten gezüchtet, der *PlusNull-Raps* (+0-Raps) oder HEAR (engl.: *high eruic acid rapeseed*). Der Pressrückstand kann auch bei diesen Sorten verfüttert werden. Auf Flächen, die einmal mit +0-Raps bepflanzt waren, kann allerdings kein 00-Raps für die menschliche Ernährung mehr angebaut werden, da dieser mit ausgesamtem +0-Raps (Ausfallraps) verunreinigt sein kann.

Raps ist nicht selbstverträglich, das heißt, dass man nach dem Anbau das Feld zwei bis drei Jahre nicht mehr mit Raps bepflanzen soll, um ein vermehrtes Auftreten spezifischer Pflanzenkrankheiten und -schädlinge zu vermeiden. Raps kann daher einen Anteil von höchstens 25 bis 33 Prozent in der Fruchtfolge einnehmen, um Mindererträge beziehungsweise verstärkten Einsatz von Pflanzenschutzmitteln zu vermeiden. Auch vor dem Anbau verwandter Kulturpflanzen nach Raps sind Anbaupausen nötig, so bei Beta-Rüben wegen Rübennematoden sowie bei Kohl- und Stoppelrüben wegen Kohlhernie.

Raps ist bei der Fruchtfolge mit Getreide wichtig, da er Struktur und biologische Aktivität des Bodens fördert sowie mit dem Verbleib von Pflanzenteilen (Wurzeln, Stroh) auf dem Feld der Humusbildung dient. Vor allem Sommerraps sorgt mit einer guten Durchwurzelung des Bodens für dessen gute Durchlüftung. Winterraps kann von Vorfrüchten freigesetzte Stickstoffmengen noch im Herbst aufnehmen. Bleibt Rapssaat im Boden, ist sie auch bis zu 10 Jahre noch keimfähig und kann bei Auswuchs Nachfrüchte stören.

Die Hektarerträge für Winterraps in Deutschland betrugen 1992 durchschnittlich 2,6 Tonnen pro Hektar, zur Ernte 2009 dagegen die bisherige Rekordmenge von 4,2 Tonnen pro Hektar. Der mittlere Ölgehalt der Rapssaat beträgt 45 bis 50 Prozent, der Proteingehalt reicht von 17 bis 25 Prozent.

91 % der Welt-Rapsproduktion erfolgt in der Europäische Union, China, Kanada und Indien. Kanada führt die Liste der Exportländer an, bis 2006 gefolgt von Australien. Dürrebedingte Ernteausfälle in Australien und ein steigendes Rapsangebot aus den GUS-Staaten, insbesondere der Ukraine, erhöhen die Bedeutung Osteuropas für den internationalen Rapsmarkt.

geeignete Einsatzstoffe

Innerhalb der Europäischen Union dominiert die Rapserzeugung in Deutschland mit 5,2 Millionen Tonnen und Frankreich mit 5,0 Millionen Tonnen (Ernte 2008/09). Großbritannien und Polen sind weitere wichtige Erzeugerländer in der EU. Die Anbauflächen wurden in den vergangenen Jahren deutlich ausgeweitet, vor allem von einigen Ländern der neuen EU-Staaten (Rumänien, Polen, Tschechien).

Die Anbaufläche in Deutschland ist in den vergangenen Jahrzehnten stark gestiegen: Von weniger als 20.000 Hektar zu Beginn der 80er Jahre über eine Million Hektar im Jahr 1992 bis zu 1,5 Millionen Hektar zur Ernte 2009.

Ernährung, Futtermittel und stoffliche Nutzung

Aus der Rapssaat, dem wirtschaftlich genutzten Pflanzenteil, wird in erster Linie Rapsöl gewonnen, das als Speiseöl und Futtermittel, aber auch als Biokraftstoff genutzt wird. Weiter wird Rapsöl in der chemischen und pharmazeutischen Industrie verwendet und dient als Grundstoff für Materialien wie Farben, Bio-Kunststoffe, Kaltschaum, Weichmacher, Tenside und biologene Schmierstoffe.

Als Koppelprodukte der Rapsölgewinnung in Ölmühlen fallen je nach Verarbeitungsmethode rund zwei Drittel der Rapssaatmasse in Form von Rapskuchen, Rapsexpeller oder Rapsextraktionsschrot an. Diese Produkte finden vor allem als eiweißreiches Tierfutter Verwendung und können Importe von Soja teilweise ersetzten. Glycerin, das als Nebenprodukt der Weiterverarbeitung von Rapsöl zu Biodiesel anfällt, findet ebenfalls Verwendung in der Futtermittelindustrie, zunehmend aber auch in der chemischen Industrie sowie als Bioenergieträger.

Sprit mit Kernwärme aus Biomasse und Kohle

Das bei der Ernte anfallende Rapsstroh verbleibt in der Regel als Humus- und Nährstofflieferant auf dem Acker, kann aber auch energetisch genutzt werden.

Für die Imkerei haben Rapskulturen große Bedeutung. Rapsblüten sind unter anderem in Deutschland eine der wichtigsten und ergiebigsten Nektarquellen für Honigbienen, eine Rapsblüte produziert in 24 Stunden Nektar mit einem Gesamtzuckergehalt von 0,4 bis 2,1 mg. Ein Hektar Raps kann in einer Blühsaison eine Honigernte von bis zu 494 kg einbringen. Aufgrund des großflächigen Anbaues ist der fein und schmalzartig kandierende Rapshonig zugleich leicht als sortenreiner Honig zu ernten.

Bioenergieträger

Rapssaat hat sich etwa seit dem Jahrtausendwechsel zu einem wichtigen Bioenergieträger entwickelt. Rapsöl wird dabei vor allem für die Biokraftstoffe Pflanzenöl-Kraftstoff und Biodiesel (Rapsölmethylester) verwendet. Daneben dient das Öl als Treibstoff in Pflanzenöl-Blockheizkraftwerken (BHKW) und als Brennstoff - pur oder in Beimischung - in Ölheizungen, die für den Pflanzenölbetrieb angepasst sind (Pflanzenölbrenner). Rapskuchen wird derzeit fast ausschließlich in der **Tierfütterung genutzt, möglich ist jedoch auch die Verbrennung oder die Nutzung als Substrat in Biogasanlagen zur Wärme- und Stromerzeugung.**

Neben den allgemeinen Vorteilen der Bioenergieträger wie Erneuerbarkeit, weitgehende CO_2-Neutralität und der Fähigkeit, Sonnenenergie zu speichern spricht für die energetische Nutzung von Pflanzenölen, dass sie in großen Mengen verfügbar sind und die Nutzung mit relativ geringem technischem Aufwand möglich ist. Ein wichtiger Faktor aus Sicht der Ressourceverfügbarkeit ist bei weltweit steigendem Proteinbedarf die Nutzung der Koppel-

geeignete Einsatzstoffe

produkte als proteinreiche Futtermittel. In Deutschland ist Rapsöl derzeit das einzige einheimische Pflanzenöl, das in großen Mengen für eine energetische Nutzung zur Verfügung steht.

Kritisiert werden an der Nutzung von Raps als Energiepflanze der Flächenbedarf bei zunehmender Flächenkonkurrenz zu Nahrungs- und Futtermitteln. Teilweise in Zusammenhang damit werden die Auswirkungen der Biokraftstoffproduktion auf die Weltmarktpreise von Nahrungsmitteln diskutiert. Zudem ist der Ressourcenverbrauch von Raps als Bioenergieträger zu berücksichtigen: Die Düngung der Pflanze und, in geringerem Maße, die Verarbeitung der Rapssaat zu Pflanzenöl und Biodiesel verbrauchen Energie und Rohstoffe, der Wasserverbrauch der Rapspflanze beim Aufwuchs ist ebenfalls erheblich.

Diskutiert wird, wie sich die Stickstoffdüngung auf die Klimabilanz von Raps auswirkt. Ein Teil des Stickstoffs kann zu Distickstoffoxid (N_2O, „Lachgas") umgesetzt werden, ein bis zu 320-fach stärker wirkendes Treibhausgas als Kohlenstoffdioxid (CO_2). Die tatsächlich freigesetzte Menge hängt unter anderem von dem Anteil des Stickstoff im Dünger ab, der tatsächlich zu Lachgas umgesetzt wird und in die Atmosphäre gelangt. Für die Berechnung sind auch Faktoren wichtig, wie z. B. die von der Pflanze aufgenommene Stickstoffmenge, die tatsächlich eingesetzte Menge an Dünger und die Einbeziehung von Nebenprodukten (Rapsschrot) in die Bilanzierung. Verschiedene Studien nennen eine positive Klimabilanz. Große Presseresonanz fand 2008 eine Studie, die eine negative Klimabilanz für Treibstoff aus Raps berechnete, deren Einschätzung der oben genannten Faktoren von vielen Seiten jedoch als veraltet und wissenschaftlich nicht haltbar kritisiert wurde.

2.1.2.2 Kunststoff-Abfälle

Da schon früher in Deutschland aus Kunststoff-Abfall Auto-Treibstoff hydriert wurde, werden hier auch diese Einsatzstoffe aufgeführt. So berichtet uns eine Teilnehmerin, dass im Hydrierwerk Bottrop bis Ende der 90-er Jahre z.B. Fensterrahmen, Bauteile und anderer Plastik-Schrott zu Ethanol/Methanol verarbeitet wurde. Dann wurde die Anlage nach China verkauft. Damals galt als Rentabilitätsgrenze ein Barrel-Preis (159 Liter) für das Rohöl von USD 30,-. Da dieser Preis inzwischen weit überschritten ist, müsste sich die Hydrierung wieder lohnen.

2.1.2.2.1 Aufkommen

Kunststoffabfälle unterscheiden sich nach ihrer Entstehung und Reinheit. So werden z. B. Produktions- und Verbrauchsabfälle sowie saubere, sortenreine und vermischte, verschmutzte Abfälle unterschieden. Generell kann die **Verwertung von Kunststoffen** werkstofflich, rohstofflich und energetisch erfolgen.

Das Aufkommen an kunststoffreichen Verbrauchsabfällen in den EU-25-Staaten sowie Norwegen und Schweiz betrug im Jahr 2005 rund 22 Millionen Tonnen. Davon ca. 19,7 Millionen Tonnen in den EU-15-Staaten und ca. 2,3 Millionen Tonnen in den neuen EU-Mitgliedern (ohne Bulgarien und Rumänien).

Den größten Anteil am Abfallaufkommen mit fast 62 % (ca. 13,6 Millionen Tonnen) haben Verpackungen, gefolgt von Bau-, Automobil- und Elektro-/Elektronik-Industrien mit jeweils 7 %, 5 % und 4 % (entsprechend ca. 1,5, 1,1 und 0,9 Millionen Tonnen).

geeignete Einsatzstoffe

Diese Abfälle wurden zu ca. 46 % (ca. 10 Millionen Tonnen) verwertet, zu 1,6 % (353.000 Tonnen) zwischengelagert (für eine energetische Verwertung) und zu ca. 53 % (ca. 11,6 Millionen Tonnen) beseitigt. Die Verwertungsquote setzt sich folgendermaßen zusammen:

ca. 27 % energetische Verwertung

(wobei ca. 25 % der Abfälle in Müllverbrennungsanlagen (MVA) mit Energieauskopplung und 2 % in anderen Anlagen – wie z. B. Kraft- oder Zementwerke – verwertet wurden)

ca. 18 % stoffliche Verwertung

(wobei 16,7 % der Abfälle werkstofflich verwertet wurden und 1,0 % rohstofflich).

Die Verwertungsquoten unterscheiden sich in einzelnen europäischen Ländern stark voneinander: von ca. 1 % in Griechenland bis größer 95 % in Dänemark, Schweden und der Schweiz. In Deutschland werden ca. 77 % kunststoffreicher Verbrauchsabfälle verwertet.

Unter der rohstofflichen Verwertung versteht man eine Spaltung von Polymerketten durch die Einwirkung von Wärme zu petrochemischen Grundstoffen, wie Öle und Gase, die zur Herstellung neuer Kunststoffe oder andere Zwecke eingesetzt werden können. Wo werkstoffliche Verwertung nicht sinnvoll durchführbar ist, bietet die rohstoffliche Verwertung von Altkunststoffen eine weitere Möglichkeit der stofflichen Verwertung. Dies ist insbesondere dann der Fall, wenn es sich um kleinteilige, verschmutzte Produkte unterschiedlichen Aufbaus und unterschiedlicher Zusammensetzung handelt.

2.1.2.2.2 Verwertung

Folgende rohstoffliche Verfahren können für Recycling von Altkunststoffen eingesetzt werden:

Vergasen

Verwertung im Hochofen

Cracking

Hydrierung

Vergasung, Cracking und Hydrierung gehören zu petrochemischen Verfahren, die die Prozesse der Petrochemie, z. B. Aufbereitung von Erdöl durch Destillation und Cracken, zur Aufspaltung von Altkunststoff-Polymeren nutzen. Bei der Verwertung im Hochofen werden die Reduktionseigenschaften von aus Altkunststoffen erzeugtem Synthesegas genutzt.

Vergasung

Vergasung ist ein Prozess der partiellen Oxidation von Kohlenwasserstoffen unter unterstöchiometrischer Sauerstoffzufuhr (die Menge an Sauerstoff reicht zur vollständigen Oxidation – Verbrennung – nicht aus) zu Kohlenmonoxid (CO) und Wasserstoff (H_2). Die Reaktion verläuft je nach eingesetztem Verfahren bei Temperaturen bis 1.600 °C und Drücken bis zu 150 bar. Das Verfahren ist seit dem 19. Jahrhundert bekannt. Ausgangsstoffe für die Vergasung waren zunächst Kohle und Koks, nach dem Zweiten Weltkrieg auch Erdöl und Erdgas.

Verwertung im Hochofen

Im Hochofenprozess wird aus den Eisenerzen (Eisenoxiden) metallisches Eisen gewonnen. Als Reduktionsmittel wird dort Koks eingesetzt. Zur Verringerung des Koksverbrauchs werden Ersatzreduktionsmittel, wie z. B. Kohle oder Schweröl verwendet. In einigen Hochöfen finden auch Agglomerate aus Kunststoffabfällen ihren Einsatz.

Cracking

geeignete Einsatzstoffe

Cracking ist ein Spaltungsprozess größerer organischer Moleküle in kleinere Moleküle unter Einwirkung von Druck, Temperatur und ggf. Katalysatoren. Cracking wird in der Erdölverarbeitung zum Gewinnen von Benzin, LPG oder Heizöl eingesetzt. Dabei wird zwischen Steamcracking und Catcracking unterschieden. Der Einsatz hierbei von Kunststoffen wird untersucht (scheint bis zu 20 % möglich).

Hydrierung

Darunter wird im Allgemeinen eine Reaktion von chemischen Verbindungen mit Wasserstoff (H_2) verstanden. Durch hydrierende Spaltung bei hohen Temperaturen (bis ca. 500 °C) und Drücken (bis ca. 300 bar) ist es prinzipiell möglich, aus organischen Verbindungen mit fast beliebiger Kohlenstoff-Kettenlänge im Molekül (u. a. auch aus gemischten Altkunststoffen) Produkte zu erzeugen, die aus für petrochemische Prozesse geeigneten Kohlenwasserstoffen kleinerer Kettenlängen (z. B. Benzin) bestehen.

Die Hydrierung ist seit 1927 als Verfahren zur hydrierenden Verflüssigung von Kohle bekannt. Nach diesem Verfahren wurde in den 1930er und 1940er Jahren Treibstoff produziert. Später wurden **Raffinerierückstände** damit aufgearbeitet und seit den 1970er Jahren wird dieses Verfahren bei der Verwertung von Reststoffen – vermischte und verschmutzte Altkunststoffe (PVC ≤ 10 Gew.-%), Altgummi u. a. – verwendet.

Energetische Verwertung

Nach allen Bemühungen zur Vermeidung und stofflichen Verwertung bleiben immer noch Fraktionen übrig, deren werkstoffliche oder rohstoffliche Verwertung aus technischen, ökonomischen oder ökologischen Gründen nicht möglich oder nicht sinnvoll ist. Eine Deponierung solcher Stoffe ist seit dem Inkrafttreten der Abfallablagerungsverordnung am 1. Juni 2005 in

Deutschland nicht mehr möglich, da nur noch inerte Produkte mit einem Glühverlust < 5 Gew.-% deponiert werden dürfen. Grundsätzlich können heizwertreiche aufbereitete Abfallströme (als sog. Ersatz- oder Sekundärbrennstoff) in folgenden Anlagen eingesetzt werden:

Kraftwerke

Zementdrehrohröfen

Müllverbrennungsanlagen (MVA) / Müllheizkraftwerke

Dies wird jedoch in der Praxis durch die hohen Anforderungen von Verbrennungsanlagen an die Beschaffenheit der Brennstoffe begrenzt. In geringerem Maße gilt dies auch für MVA.

Kraftwerke

Der Energiegehalt von im Abfall enthaltenden Altkunststoffen kann in Kraftwerken bei der Mitverbrennung mit Regelbrennstoffen, wie z. B. Kohle genutzt werden. Falls die Abfälle zur Verwertung direkt mitverbrannt werden, muss die Rauchgasreinigung den Emissionsanforderungen der deutschen 17. BImSchV genügen. Außerdem müssen diese Abfälle die Qualitätsanforderungen von Anlagen an die Brennstoffbeschaffenheit erfüllen.

2.1.2.3   Industrie-Abfälle

Abfälle aus industriellen Prozessen zu Energie-Trägern aufzubereiten hat besonders viele Vorteile. Einige seien hier aufgezeigt:

Man braucht sich nicht um die Entsorgung zu kümmern.

Statt Geld zu kosten, bringen die Abfälle möglicherweise einen Erlös

Der natürliche Kreislauf wird gefördert, statt in einer Sackgasse zu enden

Die Umwelt wird entlastet

Heimische Ingenieurkunst wird nutzvoll angewendet

Arbeitsplätze werden geschaffen

geeignete Einsatzstoffe

Abfall-Ort und Hydrierwerk liegen tendenziell nah zu einander
Transportkosten werden minimiert
Natürliche Einsatzstoffe werden gespart
Die Auslands-Abhängigkeit wird verringert

2.1.2.3.1 Kohlendioxid (CO_2)

Kohlendioxid in Treibstoff umzuwandeln würde mehrere Wünsche gleichzeitig erfüllen, empfinden doch viele Menschen dieses Gas als eine Bedrohung, weil ihm ein schädlicher Einfluss auf das Klima nachgesagt wird. Inzwischen mehren sich die wissenschaftlichen Stimmen, die diese Wirkung für weit überzogen – ja eine Hybris – halten, weil sämtliche menschgemachten CO_2 Mengen nicht annähernd in die Größenordnungen reichen, mit denen unsere Natur seit Jahrmillionen ohne weiteres fertig wird.

Beide Wissenschaftsrichtungen scheinen sich die Waage zu halten, derzeit hat jedoch die Seite der Warner und Angstrufer die Vorhand, weil sie und ihre Forschungseinrichtungen mit der politischen Macht in den meisten Staaten eng zusammenarbeiten. Dies manifestiert sich auch in großen Summen Steuergeldes zur Finanzierung entsprechender Forschungs-Projekte..

Da die Umwandlung von CO_2 in Sprit der Umwelt kaum schaden dürfte, rechnen wir diesen Einsatzstoff mit zu den möglichen Quellen für BioKern-Sprit. Mit welcher Technik das geschehen kann, ist derzeit noch offen.

2.1.2.3.2 US Patent-Antrag Dr. Herbert Mataré

Zu verweisen ist auf den interessanten US-Patent-Antrag von Herbert F. Mataré, einem deutschen Wissenschaftler, der seit vielen Jahren auf beiden Kontinenten tätig ist. Im hohen Alter von fast 100 Jahren hat er Ende 2010 die folgende Patentschrift eingereicht:

Sprit mit Kernwärme aus Biomasse und Kohle

US 20100300892A1

(19) **United States**
(12) **Patent Application Publication** (10) Pub. No.: **US 2010/0300892 A1**
Matare et al. (43) Pub. Date: **Dec. 2, 2010**

(54) APPARATUS AND METHOD FOR SOLAR HYDROGEN SYNFUEL PRODUCTION

(76) Inventors: **Herbert Franz Matare**, Huckelhoven (DE); **Joseph Julius Bednarz**, Los Angeles, CA (US)

Correspondence Address:
Law Offices of Daniel L. Dawes
Dawes Patent Law Group
5200 Warner Blvd, Ste. 106
Huntington Beach, CA 92649 (US)

(21) Appl. No.: **12/732,369**

(22) Filed: **Mar. 26, 2010**

Related U.S. Application Data

(60) Provisional application No. 61/183,441, filed on Jun. 2, 2009.

Publication Classification

(51) Int. Cl.
C25B 1/02 (2006.01)
C25B 15/08 (2006.01)

(52) U.S. Cl. **205/628**; 204/232; 205/637

(57) **ABSTRACT**

An apparatus provides for a method of converting solar energy into a synthetic carbon fuel. Solar energy is separated into different spectral portions and each spectral portion is directed to a plurality of photocells tuned for that specific spectral portion. The photocells convert the solar energy into electrical energy which is used to produce hydrogen gas through the process of electrolysis. The hydrogen gas is then mixed with carbon and various catalysts in order to cause a reaction which produces methane or other useful carbon based fuels. A cooling system filled with coolant oil keeps the photocells at a reasonable temperature while simultaneously providing the heat necessary for the chemical reactions that produce the synthetic fuel to take place. Carbon may be supplied to the apparatus by directing CO_2 exhaust or output of a carbon producing power generator such as a coal-fired power plant directly into the apparatus.

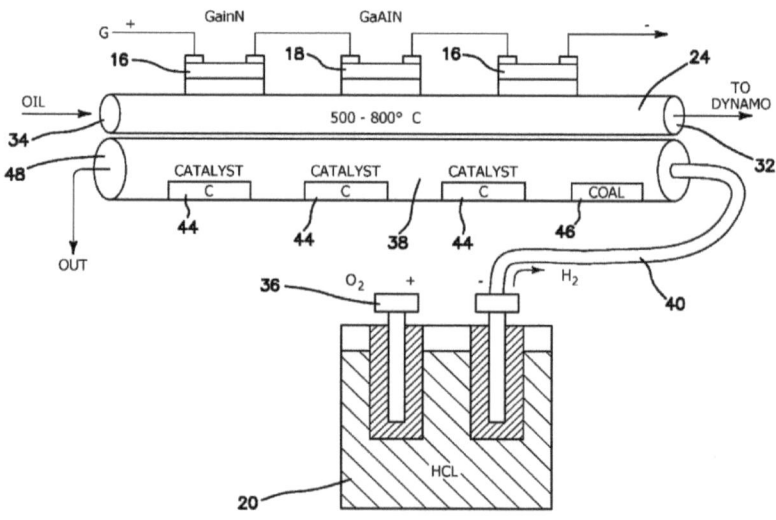

geeignete Einsatzstoffe

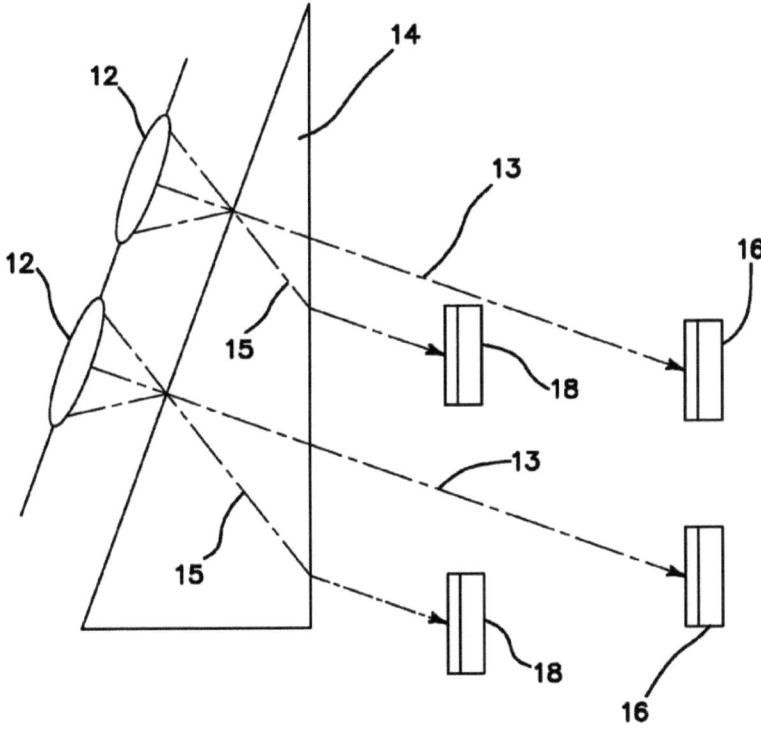

FIG. 1

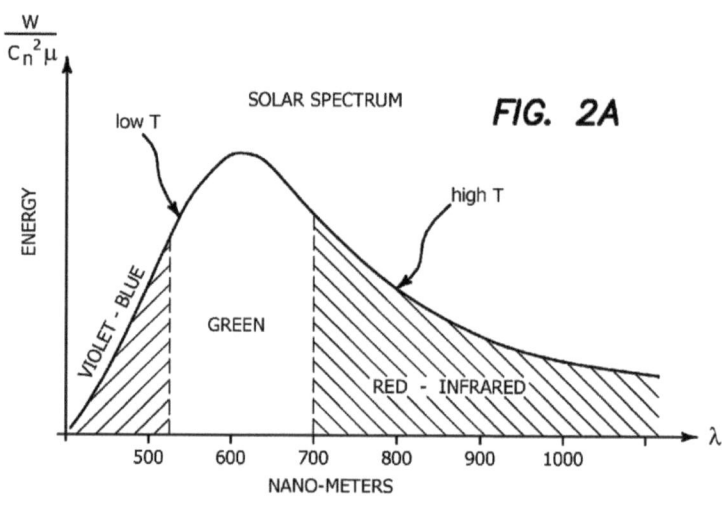

FIG. 2A

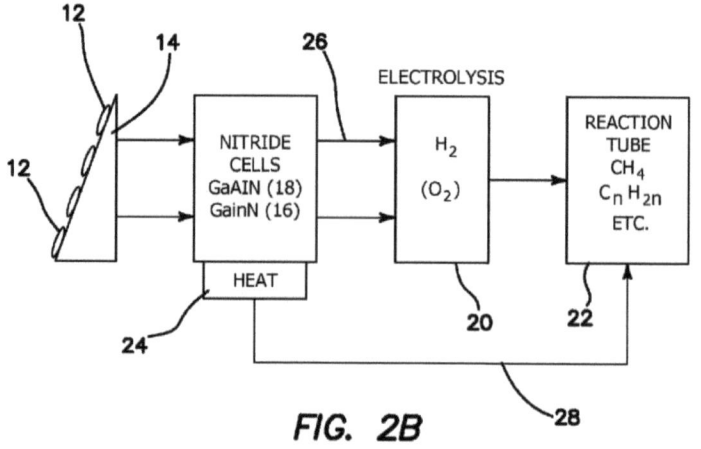

FIG. 2B

geeignete Einsatzstoffe

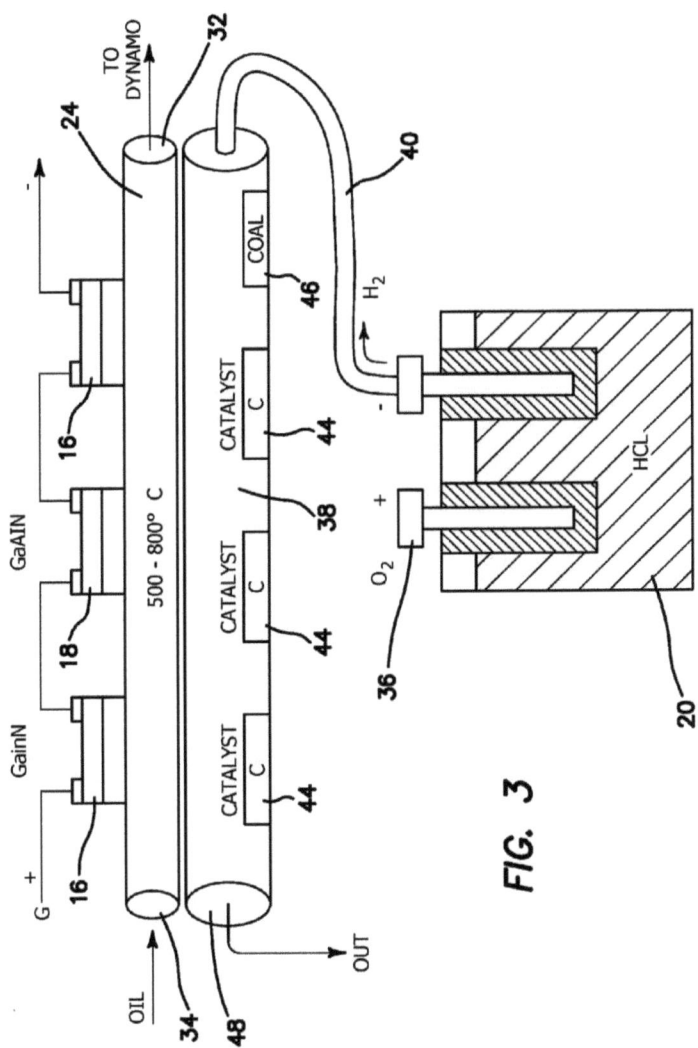

FIG. 3

Sprit mit Kernwärme aus Biomasse und Kohle

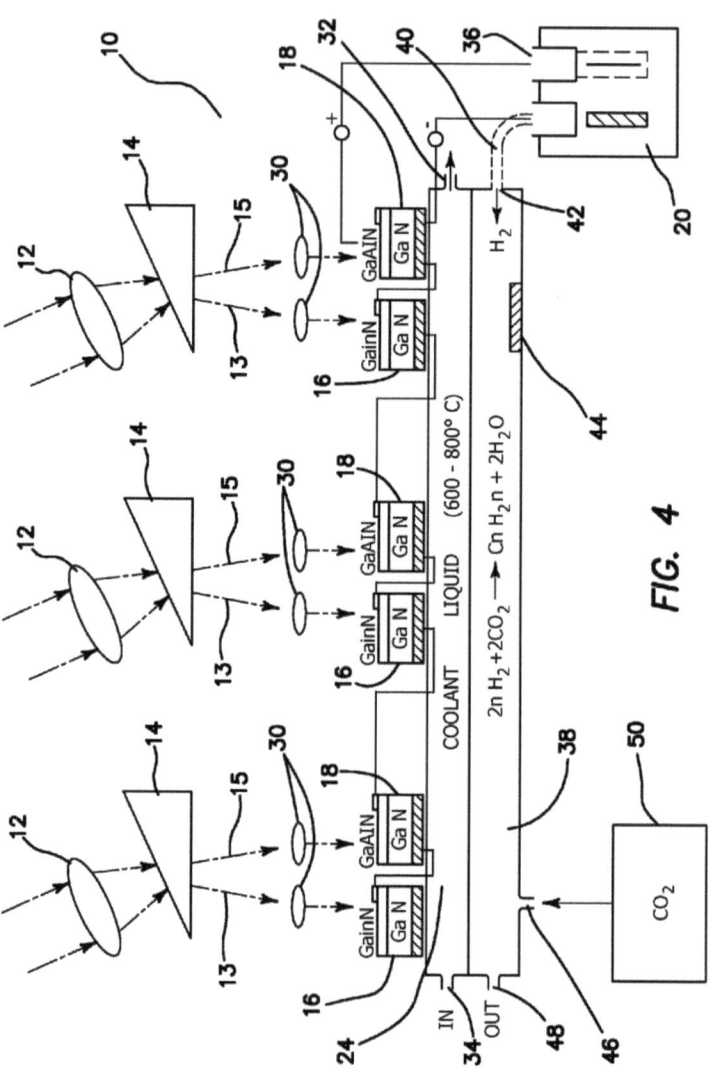

FIG. 4

APPARATUS AND METHOD FOR SOLAR HYDROGEN SYNFUEL PRODUCTION

RELATED APPLICATIONS

[0001] The present application is related to U.S. Provisional Patent Application Ser. No. 61/183,441, filed on Jun. 2, 2009, which is incorporated herein by reference and to which priority is claimed pursuant to 35 USC 119.

BACKGROUND OF THE INVENTION

[0002] 1. Field of the Invention
[0003] The invention relates to the field of energy production, specifically using solar energy to produce a synthetic carbon fuel such as methane.
[0004] 2. Description of the Prior Art
[0005] As the world population continues to grow, the demand for energy, particularly for that of carbon based fuels, has increased dramatically over the past few decades. Large, developing nations such as India and China have only added to the rate of consumption of fossil fuels making the world's natural reserves of oil and natural gas deplete that much faster. Meanwhile other plentiful sources of energy such as solar energy go largely untapped or underutilized.
[0006] One solution to obtaining ever-rarer carbon based fuels has been to make them synthetically. Several methods have been used in the prior art which have attempted to produce carbon fuels under controlled conditions. One such method was known as the Bergius method in which dry coal was mixed with a catalyst or series of catalysts and then placed within a reactor and brought to extremely high temperatures and pressures in a hydrogen environment. The method produced heavy oil which could then be converted to gasoline. Another method for producing carbon fuels is the Haber-Bosch process which uses nitrogen and hydrogen ammonia. The hydrogen can also be used with a catalyst to create a type of nitrogen fertilizer used in food production. However, the hydro-carbons that are produced by the Haber-Bosch method can be expensive as that method has not yet reached cost levels similar to that of creating hydrogen compounds by using fossil fuels such as natural gas.
[0007] Similarly, countless attempts have been made to collect power from the sun and convert it into a more accessible form of energy. However many of these attempts have included various forms of solar panels which currently have a low efficiency rating and thus require very large areas to be covered at great expense.
[0008] What is needed is an apparatus and method that creates a carbon based synthetic fuel from an inexpensive and easily available energy source that is highly efficient, cost effective, more environmentally friendly, and does not require the use of a large amount of fossil fuel to operate.

BRIEF SUMMARY OF THE INVENTION

[0009] The current invention provides for an apparatus to convert solar energy into synthetic carbon fuel. The apparatus includes means for efficiently converting solar energy to electrical energy using a plurality of selected solar photoelectric cells tuned to a corresponding plurality of selected spectral ranges of the solar energy for photoelectric optimization and heat management, an electrolyzer coupled to the means for converting solar energy to electrical energy, and a gas-reaction tube coupled to the electrolyzer and to the means for converting solar energy to electrical energy.

[0010] In one embodiment the means for efficiently converting solar energy to electrical energy comprises means for directing a violet-blue-green spectral portion of the solar energy onto a plurality of violet-blue-green tuned solar cells wherein the spectrally separated red-infrared portion of the solar energy does not appreciably thermally heat the more sensitive violet-blue-green solar cells and means for directing a red-infrared spectral portion of the solar energy onto a plurality of red-infrared tuned solar cells. Preferably, the means for directing the violet-blue-green and red-infrared spectral portions of the solar energy onto the plurality of their respective solar cells comprises a lens with means for focusing the solar energy onto a prism, wherein the prism comprises means for separating the violet-blue-green and red-infrared portions of the solar energy from each other and directing them in different directions so that only the violet-blue-green portion of the solar energy makes contact with the violet-blue-green tuned solar cells and only the red-infrared portion of the solar energy makes contact with the red-infrared tuned solar cells.

[0011] In another embodiment, the apparatus further comprises a cooling system coupled between the means for efficiently converting solar energy to electrical energy and the gas-reaction tube, wherein the cooling system comprises means for transferring heat obtained at the means for converting solar energy to electrical energy and heat to the gas-reaction tube.

[0012] In yet another embodiment, the gas-reaction tube of the apparatus comprises a plurality of catalysts and a source of carbon capable of mixing and reacting with a sufficient amount of hydrogen gas produced by the electrolyzer. Preferably, the source of carbon in the gas-reaction tube is an exhaust or final output from a fossil fuel power generator.

[0013] The invention also provides a method for producing a synthetic carbon fuel from solar energy comprising converting incoming solar energy into electrical energy, producing hydrogen gas from the converted electrical energy, reacting the hydrogen gas with a carbon source and a plurality of catalysts to produce the synthetic carbon fuel, and removing the produced synthetic carbon fuel for transport.

[0014] In one embodiment, the method step of converting incoming solar energy into electrical energy comprises focusing the incoming solar energy onto a prism, separating the violet-blue-green portion of the solar energy from the red-infrared portion of the solar energy, directing the violet-blue-green portion of the solar energy onto a plurality of violet-blue-green tuned solar photocells while simultaneously directing the red-infrared portion of the solar energy onto a plurality of red-infrared tuned solar photocells, and converting the violet-blue-green and red-infrared portions of the solar energy into electrical energy at their respectively tuned solar photocells.

[0015] In another embodiment, the method step of producing hydrogen gas from the converted electrical energy comprises producing a volume of hydrogen gas and a volume of oxygen gas through the process of electrolysis. The oxygen gas may also be removed or otherwise stored for transport.

[0016] In yet another embodiment, the method step of reacting the hydrogen gas with a carbon source and a plurality of catalysts to produce the synthetic carbon fuel comprises producing the synthetic carbon fuel through the Fischer-Tropsch (hydrogen plus carbon-oxides) process.

[0017] In still another embodiment, the method step of converting incoming solar energy into electrical energy comprises further introducing an unheated coolant oil into thermal contact with the plurality of violet-blue-green and red-infrared tuned solar photocells, cooling the plurality of violet-blue-green and red-infrared tuned solar cells, and heating the coolant oil contemporaneously with the cooling of the plurality of violet-blue-green and red-infrared tuned solar cells. Preferably, the heated coolant oil is then directed into a turbo dynamo or other electricity producing generator.

[0018] In a separate embodiment, the method step of reacting the hydrogen gas with a carbon source and a plurality of catalysts to produce the synthetic carbon fuel comprises heating the hydrogen gas and the plurality of catalysts by means of thermal contact with the heated coolant tube with oil.

[0019] In still yet another embodiment, the method step of reacting the hydrogen gas with a carbon source and a plurality of catalysts to produce the synthetic carbon fuel comprises introducing carbon dioxide gas from the exhaust or output of a carbon producing power generator.

[0020] The current invention also provides for a method for producing synthetic carbon fuel from solar energy comprising converting incoming solar energy into electrical energy, producing hydrogen gas from the converted electrical energy through the process of electrolysis, reacting the hydrogen gas with a carbon source and a plurality of catalysts to produce the synthetic carbon fuel through the Fischer-Tropsch process, and removing the produced synthetic carbon fuel for transport.

[0021] In one embodiment, the method step of converting incoming solar energy into electrical energy comprises focusing the incoming solar energy onto a prism, separating the violet-blue-green portion of the solar energy from the red-infrared portion of the solar energy, directing the violet-blue-green portion of the solar energy onto a plurality of violet-blue-green tuned III-V solar photocells, directing the red-infrared portion of the solar energy onto a plurality of red-infrared tuned III-V solar photocells, and converting the violet-blue-green and red-infrared portions of the solar energy into electrical energy at their respectively tuned III-V solar photocells.

[0022] In another embodiment, the method step of converting incoming solar energy into electrical energy comprises introducing an unheated coolant oil into thermal contact with the plurality of violet-blue-green and red-infrared tuned III-V solar photocells, cooling the plurality of violet-blue-green and red-infrared tuned III-V solar cells, heating the coolant oil contemporaneously with the cooling of the plurality of violet-blue-green and red-infrared tuned solar cells, and heating the hydrogen gas and the plurality of catalysts by means of thermal contact with the heated coolant oil tube.

[0023] In yet another embodiment, the method step of reacting the hydrogen gas with a carbon source and a plurality of catalysts to produce the synthetic carbon fuel comprises introducing boron tri-iodide and other rare-earth-type catalysts that react with the hydrogen gas and produce the synthetic carbon fuel.

[0024] Finally, the method step of reacting the hydrogen gas with a carbon source and a plurality of catalysts to produce the synthetic carbon fuel further comprises introducing carbon dioxide gas from the exhaust or output of a carbon producing power generator.

[0025] While the apparatus and method has or will be described for the sake of grammatical fluidity with functional explanations, it is to be expressly understood that the claims, unless expressly formulated under 35 USC 112, are not to be construed as necessarily limited in any way by the construction of "means" or "steps" limitations, but are to be accorded the full scope of the meaning and equivalents of the definition provided by the claims under the judicial doctrine of equivalents, and in the case where the claims are expressly formulated under 35 USC 112 are to be accorded full statutory equivalents under 35 USC 112. The invention can be better visualized by turning now to the following drawings wherein like elements are referenced by like numerals.

BRIEF DESCRIPTION OF THE DRAWINGS

[0026] FIG. 1 is a plan view of the solar energy separation/collection portion of the current apparatus.

[0027] FIG. 2A is a graphical representation of energy versus wavelength for the solar spectrum.

[0028] FIG. 2B is a block diagram of the entire current apparatus, including both the solar energy separation/collection and gas-reaction portions of the apparatus.

[0029] FIG. 3 is a plan view of the gas-reaction portion of the current apparatus.

[0030] FIG. 4 is a plan view of the entire current apparatus, including both the solar energy separation/collection and gas-reaction portions of the apparatus.

[0031] The invention and its various embodiments can now be better understood by turning to the following detailed description of the preferred embodiments which are presented as illustrated examples of the invention defined in the claims. It is expressly understood that the invention as defined by the claims may be broader than the illustrated embodiments described below.

DETAILED DESCRIPTION OF THE PREFERRED EMBODIMENTS

[0032] FIG. 1 is a diagrammatic depiction of a solar concentrator converter system 10 of high efficiency. The principle underlying the illustrated embodiment is that with the right type of solar cell onto which concentrated solar energy is focused and which solar energy has been spectrally spread into two parts, for example the red-infrared spectral range and the violet-blue-green spectral range, and then converted by specially adapted III-V solar cells, the system 10 will yield overall energy conversion efficiencies in excess of 40%.

[0033] Turning to FIG. 1, a plurality of lenses 12 focuses the solar light into local regions such as a horizontal band onto a prism or other spectral spreading optic 14. In the preferred embodiment, a plurality of Fresnel lenses are used as lenses 12, however any type of lens now known or later devised that is capable of focusing light into horizontal bands may be used without departing from the original spirit and scope of the invention. Each of the plurality of prisms 14 separates the incoming solar light into a red-infrared portion of the solar spectrum and focuses it into a first set of beams 13 and a violet-blue-green portion of the spectrum and focuses it into a second set of beams 15, each set of horizontal beams 13, 15 interlaced with the other according to the optical output pattern of the prism 14.

[0034] In an alternative embodiment, a thin film prism (not shown) is coupled to the Fresnel lens 12. The thin film prism may be coupled to the lens 12 which is concave in shape by means known in the art, or the lens 12 and thin film prism may be manufactured in a single fused component. Additionally, a plurality of Fresnel lenses 12 with a corresponding plurality of fused prisms 14 may be optically coupled together in series.

[0035] Normally in nature, the red-infrared portion of the solar spectrum is usually absorbed by matter to produce thermal heat. This is less the case with the violet-blue-green portion of the solar spectrum. A corresponding bank of photocells 16, such as $Ga_xIn_{1-x}N/GaN$ cells, which have been optimized for photoelectric conversion in the red-infrared portion of the solar spectrum are arranged in horizontal lines to receive the focused and spread red-infrared portion of the solar spectrum 13. Photocells 16 are also specifically designed and manufactured to accept and tolerate the high heat loads that result from exposure to the red-infrared portion of the solar spectrum 13, which would over time degrade or destroy photocells which were designed for photoelectric conversion over the unspread solar spectrum or other portions of the solar spectrum. A corresponding bank of differing photocells 18, such as $Ga_xAl_{1-x}N/GaN$ cells, which have been optimized for photoelectric conversion in the violet-blue-green portion of the solar spectrum 15 are arranged in horizontal lines to receive the focused and spread violet-blue-green portion of the solar spectrum 15.

[0036] As seen in the graphic depiction of FIG. 2A, the larger the wavelength of light within the solar spectrum, the larger proportion of energy from the sun is converted into thermal heat, thus raising the temperature of the photocells. In other words, surfaces receiving light in the red-infrared range will have a much higher temperature than surfaces receiving light within the violet-blue-green range. Because the thermal heat load from the violet-blue-green portion of the solar spectrum 15 is considerably less than that for the red-infrared portion of the solar spectrum 13, photocells 18 need not be designed to carry as high a sustained heat load as photocells 16.

[0037] Therefore it is an object of the illustrated embodiment to efficiently convert solar energy to electrical energy by arranging III-V solar photoelectric cells 16, 18 tuned to the spectral ranges of the solar energy separated by the prism 14 for optimization and heat management and to avoid exposure of the sensitive violet-blue-green solar cells 18 to the heat flux of the red-infrared spectral range of solar energy 13.

[0038] The device and method directs the violet-blue-green spectral range of the solar energy 15 onto a tuned III-V solar cell, such as GaAlN/GaN cells 18, where the spectrally separated violet-blue-green portion of the concentrated and prism-separated portion of the solar spectrum 15 is separated from the red-infrared spectrum 13 and thus does not appreciably thermally heat the sensitive cells 18. Similarly, the solar cell 16 tuned to the red-infrared portion of the solar spectrum 13, such as GaInN/GaN cells 18 receive only the light in the red-infrared spectral range. In this way the efficiency loss due to heating of the violet-blue-green spectral range 15 is decisively diminished. This is especially the case for the violet-blue-green sensitive range cells 18 which lose efficiency by being heated through the heat flux of the infrared portion of the spectrum 13.

[0039] The electrical energy produced from photocells 16 and photocells 18 may be directly coupled into the electrical power grid or other applications like electrolytic sources by conventional means.

[0040] However, it is a preferred embodiment of the current device that the electrical energy collected from the sun is converted into hydrogen gas and thence into a synthetic carbon fuel. The illustrated embodiment seen in FIG. 2B uses solar thermal energy taken from a cooling system 24 thermally coupled to photocells 16 and photocells 18. Photocells 16 and photocells 18 convert each of their respectively received portions of the solar spectrum into electrical power by means currently known in the art. This electrical power is then sent from photocells 16 and photocells 18 to an electrolyzer 20 in step 26 to electrolyze a volume of water into H_2 and O_2, both of which are or can be used as useful output products. Meanwhile the solar energy focused by the optical concentrator lenses 12 and absorbed by the photocells 16 and photocells 18 as thermal heat is absorbed by the cooling system 24 coupled to the photocells 16 and photocells 18. This heat is then transferred through a set of chemical reaction tubes 28 to a chemical reactor 22 to catalytically convert the H_2 from the electrolyzer 20 with carbo-oxides from the sequestration of coal-fired power stations or other sources into higher carbohydrides, such as CH_4 (methane), which can be liquefied and used as a fuel as will be described in further detail below herein. The generated electrical power, heat and the hydrogen from the electrolyzer 20 may also be diverted and used in any number of synthetic fuel production processes, including coal liquefaction processes.

[0041] The illustrated embodiment also includes the combination of solar hydrogen production with the sequestration of the CO_2 from a coal-power station 50 seen in block diagram form in FIG. 4, to produce fuel or any of the higher carbohydrates. The "Fischer-Tropsch" synthesis is a well known method to make synthetic fuel. In principle the basic reaction which is exploited includes:

$$nCO_2 + 2nH_2 \rightarrow C_nH_{2n} + 2H_2O \qquad (1)$$

[0042] The hydrogen is supplied from electrolysis of water by electrolyzer 20 and the carbon dioxide for sequestration to carbo-hydrides from a coal-fired generator; an alcohol can also be produced by:

$$nCO_2 + (2n)H_2 \rightarrow C_nH_{2n+1}OH + 2nH_2O \qquad (2)$$

[0043] Using this F-T synthesis one can thus use the obnoxious CO_2 gases of a coal firing power station 50 directly with the solar hydrogen to produce kerosene, propane etc. If the solar hydrogen is produced at a high solar exposure site, such as in the desert, and the coal-fired power station is located elsewhere, the hydrogen can be supplied directly or in the form of methane CH_4; or carbohydrates in pipes to the location of the coal-fired power station.

[0044] Turning to FIGS. 3 and 4, this embodiment of the current device is shown in more detail which depicts a solar concentrator system 10 comprising the split-spectrum III-V solar photocells 16, 18 disclosed above that are combined with cogeneration, i.e. the use of a cooling system's high-temperature output for the purposes of promoting chemical reactions of carbon-oxide with the solar-electrolyzed hydrogen to produce methane and useful carbohydrides which can be used in vehicles.

[0045] The split-spectrum concentrator system 10 comprises a plurality of prisms 14 used as beam splitters in conjunction with a plurality of lenses 12 for concentration as best seen in FIG. 4. Light from the sun enters the plurality of lenses 12 and is focused into each of the corresponding prisms 14. As disclosed above, the prisms 14 separate the incoming solar light into the violet-blue-green spectrum 15 and the red-infrared spectrum 13. Each portion of the spectrum 13, then passes through a secondary plurality of lenses 30, each portion of the spectrum 13, 15 passing through its own respective secondary lens 30. The secondary lenses 30 focuses the portion of the spectrum 13, 15 onto its corresponding photocell, namely Group III-V GaInN/GaN photocells 16 for the red-infrared potion of the spectrum 13, and Group III-V GaAlN/GaN photocells 18 for the violet-blue-green portion of the spectrum 15. It is preferred that the split-spectrum sensitive Group III-V compound solar cells 16, 18 are made using the alloy epitaxy-equipment produced by AIXTRON in Aachen, Germany and in the United States, however other comparable photocells, especially hardened cells on sapphire crystal bases, now known or later devised may be used without departing from the original spirit and scope of the invention.

[0046] Using the optical separation of the violet-blue-green from the red-IR, 40% energy conversion efficiencies are possible. Such efficiencies would provide enough power in an area of 250×250 miles to make all the fuel used by all the vehicles in the United States. Solar sites in equatorial regions would provide even higher solar energy densities over a smaller area.

[0047] Also seen in FIGS. 3 and 4 is how the system 10 is coupled to a photoelectric cell cooling system 24 and an electrolyzer 20 which is used to combine the generated hydrogen gas with carbon to produce CH_4 and other carbonoxides.

[0048] Solar energy that cannot be converted into electrical energy by the photocells 16, 18 is instead converted to thermal heat which is transferred to the photoelectric cell cooling system 24 coupled to the plurality of photocells 16, 18. It is preferred that the photoelectric cell cooling system 24 carry oil to be used as a coolant in close contact with the hot photocells 16, 18 as oil is more efficient for higher temperatures than other substances such as gas, however other coolants may be used without departing from the original spirit and scope of the invention. As the oil travels through the cooling system 24, it removes heat from the solar cells 16, 18 and reaches temperatures of approximately 500-800 degrees Celsius. Once it has run the length of the cooling system 24, the heated oil may then pass through a coolant output 32 and continue on to drive a generator or other dynamo to produce electricity as is known in the art. Fresh unheated coolant oil enters the cooling system 24 through a coolant input 34 from an outside source.

[0049] Meanwhile, the electrolyzer 20 which receives all of its electricity generated from the photocells 16, 18, produces quantities of hydrogen and oxygen gas as detailed above. The oxygen gas may be taken from the electrolyzer 20 via an oxygen output 36 and used for a variety of applications as is known in the art, while the hydrogen gas may simultaneously be fed into a gas-reaction tube 38 portion of the system via a pipe 40. The hydrogen gas enters the gas-reaction tube 38 through a gas input 42. As the hydrogen gas travels through the length of the gas-reaction tube 38 it reacts with a plurality of catalysts 44 and a carbon dioxide source 46. The plurality of catalysts 44 are preferably boron tri-iodide and other rare-earth-type catalysts, however other similar catalysts now known or later devised may be used within the scope of the invention. The resulting chemical reactions as detailed above produce methane or benzene gas which is then diverted out of the gas-reaction tube 38 through a gas output 48 and on to either a storage facility or another suitable form of transport as is known in the art.

[0050] In another embodiment, the heat that is transferred to the cooling system 24 from the photocells 16, 18 may be used for dual purposes, namely as an oil cooler for driving a generator or other dynamo to produce electricity, and for providing a sufficient amount of heat for the production of benzene and/or methane through a series of chemical reactions with the plurality of catalysts 44 by coupling the cooling system 24 to the gas-reaction tube 38 as seen in FIG. 4. Heat transferred from the photocells 16, 18 to the coolant oil within the cooling system 24 is also partially transferred to the gas-reaction tube 38, thus raising the temperature within the gas-reaction tube 38 and facilitating the chemical reactions required to convert hydrogen gas to other useful products. Thus it can be seen that the cooling system 24 may be used as a heat sink for the photocells 16, 18 while contemporaneously providing a sufficient heat source for the gas-reaction tube 38 in order to induce the chemical conversions necessary to make hydrocarbides or methane for the transport of energy to remote areas.

[0051] In one embodiment, the carbon dioxide source 46 is a sufficient amount of burning coal within the gas-reaction tube 38, however it is preferred to couple the exhaust or end product of an outside carbon dioxide source, for example the exhaust from a coal-fired power plant 50, directly into the gas-reaction tube 38 as seen in FIG. 4. This not only provides a sufficient amount of carbon dioxide in order to produce methane, but it also helps the cleaning up of the atmosphere by lessening the carbon footprint of fossil fuel fired electrical plants. The combination of the solar concentrator converter system 10 with the gas-reaction tube 38 and a traditional fossil fuel fired power plant forms a type of double power system which eliminates the need for expensive carbon-oxide sequestration. One can envision a future double system within this embodiment that uses a normal carbon-based power generator in conjunction with the hydrogen or CH_4 produced by solar concentrator system 10 and gas-reaction tube 38 to produce carbohydrides for the use in vehicles or in any other number of applications while at the same time protecting the atmosphere.

[0052] In yet another embodiment, the high pressures that are needed in a Fischer-Tropsch reactor for the production of fuel from carbon and hydrogen in connection with a solar cogeneration plant for the production of hydrogen by electrolysis is provided by the production of nuclear energy.

[0053] Many alterations and modifications may be made by those having ordinary skill in the art without departing from the spirit and scope of the invention. Therefore, it must be understood that the illustrated embodiment has been set forth only for the purposes of example and that it should not be taken as limiting the invention as defined by the following invention and its various embodiments.

[0054] Therefore, it must be understood that the illustrated embodiment has been set forth only for the purposes of example and that it should not be taken as limiting the invention as defined by the following claims. For example, notwithstanding the fact that the elements of a claim are set forth below in a certain combination, it must be expressly understood that the invention includes other combinations of fewer, more or different elements, which are disclosed above even when not initially claimed in such combinations. A teaching that two elements are combined in a claimed combination is further to be understood as also allowing for a claimed combination in which the two elements are not combined with each other, but may be used alone or combined in other combinations. The excision of any disclosed element of the invention is explicitly contemplated as within the scope of the invention.

geeignete Einsatzstoffe

[0055] The words used in this specification to describe the invention and its various embodiments are to be understood not only in the sense of their commonly defined meanings, but to include by special definition in this specification structure, material or acts beyond the scope of the commonly defined meanings. Thus if an element can be understood in the context of this specification as including more than one meaning, then its use in a claim must be understood as being generic to all possible meanings supported by the specification and by the word itself.

[0056] The definitions of the words or elements of the following claims are, therefore, defined in this specification to include not only the combination of elements which are literally set forth, but all equivalent structure, material or acts for performing substantially the same function in substantially the same way to obtain substantially the same result. In this sense it is therefore contemplated that an equivalent substitution of two or more elements may be made for any one of the elements in the claims below or that a single element may be substituted for two or more elements in a claim. Although elements may be described above as acting in certain combinations and even initially claimed as such, it is to be expressly understood that one or more elements from a claimed combination can in some cases be excised from the combination and that the claimed combination may be directed to a subcombination or variation of a subcombination.

[0057] Insubstantial changes from the claimed subject matter as viewed by a person with ordinary skill in the art, now known or later devised, are expressly contemplated as being equivalently within the scope of the claims. Therefore, obvious substitutions now or later known to one with ordinary skill in the art are defined to be within the scope of the defined elements.

[0058] The claims are thus to be understood to include what is specifically illustrated and described above, what is conceptionally equivalent, what can be obviously substituted and also what essentially incorporates the essential idea of the invention.

We claim:

1. An apparatus for converting solar energy into synthetic carbon fuel comprising:
    means for efficiently converting solar energy to electrical energy using a plurality of selected solar photoelectric cells tuned to a corresponding plurality of selected spectral ranges of the solar energy for photoelectric optimization and heat management;
    an electrolyzer coupled to the means for converting solar energy to electrical energy; and
    a gas-reaction tube coupled to the electrolyzer and to the means for converting solar energy to electrical energy.

2. The apparatus of claim 1 where the means for efficiently converting solar energy to electrical energy comprises:
    means for directing a violet-blue-green spectral portion of the solar energy onto a plurality of violet-blue-green tuned solar cells wherein the spectrally converted red-infrared portion of the solar energy does not appreciably thermally heat the more sensitive violet-blue-green solar cells at the maximum energy point of the solar spectrum; and
    means for directing a red-infrared spectral portion of the solar energy onto a plurality of red-infrared tuned solar cells.

3. The apparatus of claim 2 where the means for directing the violet-blue-green and red-infrared spectral portions of the solar energy onto the plurality of their respective solar cells comprises a lens with means for focusing the solar energy onto a prism, and
    wherein the prism comprises means for separating the violet-blue-green and red-infrared portions of the solar energy from each other and directing them in different directions so that only the violet-blue-green portion of the solar energy makes contact with the violet-blue-green tuned solar cells and only the red-infrared portion of the solar energy makes contact with the red-infrared tuned solar cells.

4. The apparatus of the claim 1 further comprising a cooling system coupled between the means for efficiently converting solar energy to electrical energy and the gas-reaction tube, and wherein the cooling system comprises means for transferring heat obtained at the means for converting solar energy to electrical energy to the gas-reaction tube.

5. The apparatus of claim 1 where the gas-reaction tube comprises a plurality of catalysts and a source of carbon capable of mixing and reacting with a sufficient amount of hydrogen gas produced by the electrolyzer.

6. The apparatus of claim 5 where the source of carbon in the gas-reaction tube comprises an exhaust or final output from a fossil fuel power generator.

7. A method for producing a synthetic carbon fuel from solar energy comprising:
    converting incoming solar energy into electrical energy;
    producing hydrogen gas from the converted electrical energy;
    reacting the hydrogen gas with a carbon source and a plurality of catalysts to produce the synthetic carbon fuel; and
    removing the produced synthetic carbon fuel for transport.

8. The method of claim 7 where converting incoming solar energy into electrical energy comprises:
    focusing the incoming solar energy onto a prism;
    separating the violet-blue-green portion of the solar energy maximum from the red-infrared portion of the solar energy;
    directing the violet-blue-green portion of the solar energy maximum onto a plurality of violet-blue-green tuned solar photocells;
    directing the red-infrared portion of the solar energy onto a plurality of red-infrared tuned solar photocells; and
    converting the violet-blue-green and red-infrared portions of the solar energy into electrical energy at their respectively connected solar photocells.

9. The method of claim 7 where producing hydrogen gas from the converted electrical energy comprises producing a volume of hydrogen gas and a volume of oxygen gas through the process of electrolysis.

10. The method of claim 7 where reacting the hydrogen gas with a carbon source and a plurality of catalysts to produce the synthetic carbon fuel comprises producing the synthetic carbon fuel through the Fischer-Tropsch process.

11. The method of claim 8 further comprising:
    introducing an unheated coolant oil into thermal contact with the plurality of violet-blue-green and red-infrared tuned solar photocells which are heated by the sun;
    cooling the plurality of violet-blue-green and red-infrared tuned solar cells; and
    heating the coolant oil contemporaneously with the cooling of the plurality of violet-blue-green and red-infrared tuned solar cells.

Sprit mit Kernwärme aus Biomasse und Kohle

US 2010/0300892 A1　　　　　　　　　　　　　　　　　　Dec. 2, 2010

12. The method of claim 11 further comprising directing the heated coolant oil into a dynamo or other electricity producing generator.
13. The method of claim 11 where reacting the hydrogen gas with a carbon source and a plurality of catalysts to produce the synthetic carbon fuel comprises heating the hydrogen gas and the plurality of catalysts by means of thermal contact with the heated coolant oil.
14. The method of claim 7 where reacting the hydrogen gas with a carbon source and a plurality of catalysts to produce the synthetic carbon fuel comprises introducing carbon dioxide gas from the exhaust or output of a carbon producing power generator.
15. The method of claim 9 further comprising removing or storing the produced volume of oxygen gas for transport.
16. A method for producing synthetic carbon fuel from solar energy comprising:
converting incoming solar energy into electrical energy;
producing hydrogen gas from the converted electrical energy through the process of electrolysis;
reacting the hydrogen gas with a carbon source and a plurality of catalysts to produce the synthetic carbon fuel through the Fischer-Tropsch process; and
removing the produced synthetic carbon fuel for transport.
17. The method of claim 16 where converting incoming solar energy into electrical energy comprises:
focusing the incoming solar energy onto a prism;
separating the violet-blue-green portion of the solar energy maximum from the red-infrared portion of the solar energy;

directing the violet-blue-green portion of the solar energy onto a plurality of violet-blue-green tuned III-V solar photocells;
directing the red-infrared portion of the solar energy onto a plurality of red-infrared tuned III-V solar photocells; and
converting the violet-blue-green and red-infrared portions of the solar energy into electrical energy at their respectively tuned III-V solar photocells.
18. The method of claim 17 further comprising:
introducing an unheated coolant oil into thermal contact with the plurality of violet-blue-green and red-infrared tuned III-V solar photocells;
cooling the plurality of violet-blue-green and red-infrared tuned III-V solar cells;
heating the coolant oil contemporaneously with the cooling of the plurality of violet-blue-green and red-infrared tuned solar cells; and
heating the hydrogen gas and the plurality of catalysts by means of thermal contact with the heated coolant oil.
19. The method of claim 16 where reacting the hydrogen gas with a carbon source and a plurality of catalysts to produce the synthetic carbon fuel comprises introducing boron tri-iodide and other rare-earth-type catalysts that react with the hydrogen gas and produce the synthetic carbon fuel.
20. The method of claim 19 further comprising introducing carbon dioxide gas from the exhaust or output of a carbon producing power generator.

* * * * *

Prof. Matarés Vorschlag zielt zwar auf Photovoltaik-Energie zum Umwandeln des CO_2, doch dient uns dieser Vorschlag –nach Rücksprache mit dem Autor und Bestätigung - als Beleg dafür, dass man dieses Einsatzgas auch mit anderer Energie zu Sprit umwandeln kann, wie es im Teil „Kern" unserer Trilogie vertreten wird.

geeignete Einsatzstoffe

2.1.2.3.3 Raffinerieabfälle

Das Umweltbundesamt Österreich: Raffinerien verarbeiten Rohöle zu einer Vielzahl hochwertiger Produkte, welche von diversen flüssigen und gasförmigen Brennstoffen über hochwertige Schmieröle bis zu Bitumen reichen. Die zugrundeliegenden Verfahren sind teilweise äußerst komplex, die Anzahl der verschiedenen Anlagen ist dementsprechend hoch.

Das Umweltbundesamt In Deutschland: hier sind zurzeit 14 Raffinerien in Betrieb, die im Jahr 2005 ca. 115 Mio t (davon 3,5 Mio t in Deutschland gefördertes) Rohöl verarbeiteten. Hinzu kam ein Wiedereinsatz raffinerieeigener Produkte von ca. 11 Mio t. Daraus entstanden 125 Mio t Produkte, was einer Auslastung der Produktionskapazitäten von 99,1 % entspricht.

Hauptprodukte einer Raffinerie sind Rohbenzin, Otto- und Dieselkraftstoffe, Heizöle und Heizölkomponenten. Den größten Anteil hat die Produktion von Dieselkraftstoff mit fast 28 % und gegenwärtig steigender Tendenz. Nebenprodukte sind Raffinerie- und Flüssiggas, Flugturbinenkraftstoffe, Spezialbenzine, Bitumen u.a.

Allgemeine Beschreibung des Herstellungsprozesses

Erdöl ist ein natürlich vorkommendes Gemisch aus Kohlenwasserstoffen verschiedenster Zusammensetzung (besonders Paraffine, Naphthene, Aromaten) mit unterschiedlichen Molekülgrößen, das unter Lagerstättenbedingungen flüssig ist. Außer Kohlenstoff und Wasserstoff sind im Wesentlich geringe Mengen und in unterschiedlicher Konzentration Schwefel, Stickstoff und Sauerstoff vorhanden. In chemischer Bindung sind außerdem die Metalle Vanadium und Nickel in Spuren enthalten.

Rohöle aus verschiedenen Lagerstätten weisen unterschiedliche Qualitätsmerkmale auf. Aus leichten Rohölen lassen sich überdurchschnittlich hohe Benzinanteile gewinnen, während schwere Rohöle im Allgemeinen zu einem höheren Anteil an schwerem Heizöl führen.

Das grundlegende Prinzip der Auftrennung des Erdöls in Komponenten verschiedener Siedebereiche ist die fraktionierte Destillation.

Wesentliche Produktionsanlagen und Teilanlagen einer Raffinerie:

    Feuerungsanlagen

    Trennverfahren

    Atmosphärische Destillation

    Vakuumdestillation

    Gastrennung

    Umwandlungsverfahren

    Thermisches Spalten (Visbreaking)

    Petrolkoksherstellung (Delayed Cokoing) und Kalzinierung

    Katalytisches Spalten (Fluid Catalytc Cracking - FCC)

    Hydrierendes Spalten (Hydrocracken)

    Blasbitumen-Herstellung

    Reformieren

    Isomerisieren

    Erzeugung von Methyltertiär-butylether (MTBE)

    Raffinationsverfahren

    Hydrierende Entschwefelung

    Mercaptanumwandlung (Süßen)

    Gaswäsche

    Extraktionen

geeignete Einsatzstoffe

Schmierölraffination

Für alle genannten Prozesse existieren spezialisierte Verfahren, deren technische Ausgestaltung einerseits stark vom eingesetzten Rohstoff abhängt und andererseits von den örtlichen Gegebenheiten bestimmt wird.

Neben den Anlagen zur direkten Verarbeitung des Erdöls gehören zu einer Raffinerie Tanklager (Anlieferung, Ein-/Umlagerung und Verladung, Lagertanks), Fackeln, Abwasserbehandlung, Abgasreinigung und ggf. weitere. In der einschlägigen Literatur sind diese angewendeten Verfahren beschrieben, z.B. in Ullmann's Encyclopedia of Industrial Chemistry, Beilstein.

Umweltauswirkungen

Emissionen in die Luft

Die relevantesten Emissionen in die Luft sind Staub, SO_2, NO_x und Kohlenwasserstoffe. Emissionsfaktoren, bezogen auf den Rohöldurchsatz (ohne Kraftwerk und Petrochemie), sind in einer Vorstudie zu den besten verfügbaren Techniken in der Raffinerieindustrie zu finden.

Die Emissionen an Schwefeldioxid stammen aus Feuerungsanlagen, FCC und Clausanlagen. Stickoxide entstammen im Wesentlichen den Feuerungsanlagen. Staub wird hauptsächlich aus FCC-Anlagen und Kalzinierungen emittiert. Die wesentlichen Emissionen an Kohlenwasserstoffen (VOC) fallen im Prozessfeld und im Tanklager an.

Grundsätzlich stehen Raffineriebetreibern folgende Möglichkeiten zur *Minderung von SO_2-Emissionen* zur Verfügung, die entweder einzeln oder in Kombination eingesetzt werden können:

Senkung des Schwefelgehalts der eingesetzten Brennstoffe, Vergasung von schweren Brennstoffen

Einsatz von Rohöl mit niedrigem Schwefelgehalt

Sprit mit Kernwärme aus Biomasse und Kohle

Steigerung des Wirkungsgrads der Schwefelrückgewinnung (Clausanlagen)

Anwendung von Sekundärmaßnahmen zur Abscheidung von SO_2 aus Rauchgasen (d.h.Rauchgasentschwefelung)

Zur *Emissionsminderung von Kohlenwasserstoffen* werden folgende Verfahren eingesetzt:

Gaspendelverfahren in Verbindung mit Unterspiegelbefüllung,

Zuführung der Abgase zu einer Rückgewinnungs- und/oder Verbrennungsanlage

Emissionen in Gewässer

Anfall und Beschaffenheit von Abwasser aus der Erdölverarbeitung hängen von der Raffineriegröße, von der Art der Rohölverarbeitung und von den eingesetzten Rohölqualitäten sowie auch vom Alter einer Raffinerie ab. Prozesskondensate aus Strippern oder Dampfstrahlern fallen in der Destillation (atmosphärisch und Vakuum), beim Cracken und Coking, bei der hydrierenden Entschwefelung und bei der Bitumenherstellung an. Sie enthalten Kohlenwasserstoffe, Schwefelwasserstoff, Mercaptane, Phenole, Thiophenole, Ammoniumverbindungen, Cyanide, Naphtensäuren und Thiosulfate.

Direkte Kühlwässer (Abschreck- oder Quenchwässer) fallen bei der Gas- und Flüssigproduktkühlung nach thermischen Crackverfahren an. Sie enthalten Kohlenwasserstoffe, Phenole, Schwefelverbindungen und Thiosulfate. Wasch- und Sperrwässer fallen bei der Rohölentsalzung, bei den physikalischen Trennverfahren, bei der chemischen Raffination und in den Fackelanlagen an. Sie enthalten Kohlenwasserstoffe, Schwefelwasserstoff, Alkanolamine und andere Extraktionsmittel, Mercaptane, Ammoniumverbindungen sowie Säuren und Laugen.

geeignete Einsatzstoffe

Allen genannten Abwässern gemeinsam sind eine erhöhte Temperatur, der vom Neutralbereich abweichende pH-Wert, die Feststoffbelastung und eine signifikante Toxizität gegenüber Wasserorganismen.

Schwermetalle in den Abwässern der Erdölverarbeitung stammen aus den Begleitstoffen des Rohöles (vor allem Nickel, Vanadium und Kupfer) sowie aus eingesetzten Säuren, Laugen oder Waschflüssigkeiten (Blei, Kupfer). Quecksilber kann als Begleitstoff von Erdgas auftreten. Eisen stammt vor allem aus der Anlagenkorrosion.

Die Cyanide entstehen bevorzugt in den Hochtemperatur Raffinerieprozessen (insbesonders Cracken). Der gesamte gebundene Stickstoff erfasst sowohl die Stickstoffkomponenten des Rohöles, aber auch die über Arbeits- und Hilfsstoffe ins Abwasser eingetragenen Stickstoffverbindungen.

Organische Verbindungen des Abwassers werden summarisch über die Parameter CSB und BSB5 erfasst. Halogenierte organische Verbindungen (gemessen als AOX) können durch Reaktion von Salzen aus dem Rohöl mit organischen Verbindungen während der Verarbeitungsvorgänge, aber auch durch Einsatz derartiger Substanzen als Arbeits- oder Hilfsstoffe entstehen. Als Kohlenwasserstoffe treten Aliphaten, ein- und mehrkernige Aromaten wie auch Isoalkane im Abwasser auf. Phenole stammen vorwiegend aus thermischen und/oder katalytischen Crackprozessen.

Die Grenzwerte für die Beschaffenheit des Gesamtabwassers an der Einleitungsstelle sind im Anhang 45 der Abwasserverordnung zu finden.

Abfallmanagement

Typische Raffinerieabfälle sind Schlämme, verbrauchte Katalysatoren, Filterton und Asche aus der Verbrennung. Als weitere Abfallfraktionen fallen Reaktionsprodukte aus der Rauchgasentschwefelung, Flugasche, Grobasche,

erschöpfte Aktivkohle, Filterstaub, anorganische Salze wie Ammoniumsulfat sowie Kalk aus der Wasservorbehandlung, ölkontaminierter Boden, Bitumen, Kehricht, verbrauchte Säuren und Laugen, Chemikalien u.v.m. an.
Die Entsorgung dieser Abfälle erfolgt durch thermische Behandlung, externe biologische Behandlung, Ablagerung auf dem Raffineriegelände und auf externen Deponien, chemische Immobilisierung, Neutralisierung und andere Methoden.
Maßnahmen, die die Auswirkungen der industriellen Tätigkeit einer Raffinerie reduzieren können, sind im BVT-Merkblatt über beste verfügbare Techniken für Mineral- und Gasraffinerien ausführlich beschrieben (Zusammenfassung in Kapitel 5).

Neue Techniken

In einem Raffineriekomplex laufen enorme Energie- und Stoffströme ab. Rohstoffqualitäten und Anforderungen an die Raffinerieprodukte verändern sich. Grundlegende Schwerpunkte sowohl für den wirtschaftlichen Erfolg als auch für das Erreichen der ökologischen Ziele sind:
Sparsamer Umgang mit Ressourcen;
Entwicklung von umweltverträglichen Produkten;
Reduzierung von Schadstoffen in der Luft, im Wasser und im Boden;
sachgerechte Information über Eigenschaften und sichere Anwendung der Produkte;

Bemühen um Beseitigung von Schäden aus der Vergangenheit.

Auch im Mineralölsektor wird die Umsetzung der Unternehmensziele bereits unterstützt z.B. durch das Umweltmanagementsystem ISO14001 und EMAS oder auch das Qualitätsmanagementsystem DIN EN ISO 9000ff, wozu

geeignete Einsatzstoffe

Transparenz und Risikokommunikation sowie betriebliche Umweltleistungskennzahlen gehören.

Die technische Entwicklung konzentriert sich gegenwärtig auf die Optimierung der vorhandenen Systeme um höhere Ausbeuten zu erzielen (Katalysatorforschung), die Energie noch effizienter einzusetzen (z.B. durch verbessertes Reaktordesign, Abwärmenutzung) und die Stillstandszeiten für Wartung und Reparatur zu verkürzen.

Das BVT-Merkblatt über beste verfügbare Techniken benennt einige Prozesse/Bereiche, in denen zukünftig Entwicklungspotenzial zu erwarten ist (siehe hierzu Kapitel 6).

Innovationen

Das Internetportal „Cleaner Production Germany" (CPG) des Umweltbundesamtes veröffentlicht umfangreiche Daten von Forschungsprojekten zu innovativen Techniken zum Schutz der Umwelt.

2.1.2.3.4 Gichtgas

Aus BUISY-Bremen und Wikipedia entnehmen wir:

Grundstoffindustrien wie die Eisen- und Stahlerzeugung benötigen viel Energie und verursachen dadurch hohe CO_2-Emissionen. Gleichzeitig bieten diese Produktionsprozesse aber auch große Potenziale für eine klimaschonende Energieversorgung. Ein gutes Beispiel hierfür ist die energetische **Nutzung von Gichtgas.**

Gichtgas entsteht bei der Gewinnung von Roheisen im Hochofen. Wird es energetisch genutzt, können an anderer Stelle fossile Brennstoffe gespart werden, zum Beispiel Kohle in Kraftwerken. Damit werden kostbare Ressourcen geschont und klimaschädliche CO_2-Emissionen vermieden. In Bremen wird Gichtgas schon seit langem zur Stromerzeugung eingesetzt.

Bereits seit den sechziger Jahren nutzt die swb-Gruppe Gichtgas aus den Hochöfen der Stahlwerke Bremen, um in ihrem Kraftwerk Mittelsbüren Strom für den Fahrbetrieb der Deutschen Bahn zu erzeugen.

Gichtgas (Hochofen-Gas) ist ein brennbares Kuppelgas, das aufgrund seines beträchtlichen Stickstoffgehaltes von etwa 45–60 % und einem Kohlenstoffmonoxid-Anteil von etwa 20–30 % nur einen geringen Heizwert von 3,35–4 MJ/m³ aufweist. Gichtgas enthält außer Stickstoff und Kohlenstoffmonoxid noch ca. 20–25 % Kohlenstoffdioxid und ca. 2–4 % Wasserstoff.

Es wird am oberen Schachtende des Hochofens – der Gicht – abgezogen und in einem Gichtgaswäscher gereinigt, wobei hauptsächlich Schwebeteilchen entfernt werden. Die Hochofenanlage nutzt das Gichtgas, um Kompressoren für die in den Hochofen eingeblasene Luft, den Wind, anzutreiben und diesen Wind im Winderhitzer aufzuheizen. Auch wird das Gichtgas zur Elektrizitätserzeugung, der Beheizung von Glüh- und „Wärmofen" und für die „Unterfeuerung" von Anlagen, insbesondere Koksöfen, genutzt.

Wegen des Anteils an Kohlenmonoxid ist Gichtgas sehr giftig.

2.1.2.4 Kohlen

Kohle gibt es in verschiedenen Arten, die sich durch die Höhe und die Zeitdauer des Druckes unterscheiden, dem sie ausgesetzt waren. Gängig ist die Annahme, dass alle Sorten ursprünglich auf Pflanzen zurückzuführen sind.

2.1.2.4.1 Steinkohle

Steinkohle ist die härtere, energiereichere und teurere Art, die auch in Deutschland und Europa aufgrund der hohen Förderkosten relativ begrenzt verfügbar ist und bleiben wird. Zum Hydrieren eignet sie sich sehr gut.

geeignete Einsatzstoffe

2.1.2.4.2 *Braunkohle*

Braunkohle ist in Deutschland besonders reichlich vorhanden, die größten Vorkommen liegen in der Rheinischen Bucht und bei Leipzig. Sie werden heutzutage intensiv verstromt, was angesichts ihrer leichten Förderbarkeit im Tagebau und ihre vielfältigen Eigenschaften einer Verschwendung kostbarer inländischer Ressourcen gleichkommt.

Da sie sich zur Verflüssigung fast ebenso gut eignet wie die Steinkohle, bildet sie eine hervorragende Rohstoffquelle für die höherwertige Nutzung als Hydierbasis oder auch andere Chemieprodukte.

Wikipedia sagt dazu:

Braunkohle (früher auch *Turff* genannt) ist ein bräunlich-schwarzes, meist lockeres Sedimentgestein, das durch Druck und Luftabschluss (hydrothermale Karbonisierung = industrietechnisches Verfahren oder Inkohlung = natürliches Verfahren) von organischen Substanzen entstand.

Braunkohle ist ein fossiler Brennstoff, der zur Energieerzeugung verwendet wird. Rohbraunkohle besitzt etwa ein Drittel des Heizwertes von Steinkohle, was etwa 8 MJ oder 2,2 kWh pro kg entspricht. Aufbereitete (getrocknete) Braunkohle hat in etwa zwei Drittel des Werts von Steinkohle.

Bei asche- und wasserfreier Kohle kann von Braunkohle gesprochen werden, wenn der Kohlenstoffgehalt zwischen 58 und 73 %, der Sauerstoffanteil zwischen 21 und 36 % und der Wasserstoffanteil zwischen 4,5 und 8,5 % beträgt. Neben geringen Anteilen diverser Spurenelemente kann der Schwefelgehalt von Braunkohle bis zu 3 % betragen.

Die weltweit zu gegenwärtigen Preisen förderfähigen Reserven wurden im Jahre 2006 von der Bundesanstalt für Geowissenschaften und Rohstoffe (BGR) auf 283,2 Milliarden Tonnen Braunkohle geschätzt. Davon entfielen

32,3 Prozent (91,6 Milliarden Tonnen) auf Russland, 14,4 Prozent (40,8 Milliarden Tonnen) auf Deutschland und 13,3 Prozent (37,7 Milliarden Tonnen) auf Australien. Bei gleich bleibender Förderung (966,8 Millionen Tonnen im Jahre 2006) könnte der Bedarf noch für etwa 293 Jahre gedeckt werden.

In Deutschland würden die Vorräte, die nach Angaben der BGR zu gegenwärtigen Preisen und mit dem Stand der heutigen Technologie gewinnbar sind, bei konstanter Förderung (176,3 Millionen Tonnen im Jahre 2006) noch für 231 Jahre ausreichen. Die Braunkohleressourcen betrugen 2006 in Deutschland 35,2 Milliarden Tonnen. Als Ressourcen wird die nachgewiesene Menge der Rohstoffe definiert, die derzeit technisch und/oder wirtschaftlich nicht gewonnen werden kann, sowie die nicht nachgewiesene, aber geologisch mögliche, zukünftig gewinnbare Menge einer Rohstoff-Lagerstätte.

Weltweit wurden 2006 etwa 966,8 Millionen Tonnen Braunkohle gefördert. Deutschland (18,2 Prozent), die Volksrepublik China (10,3 Prozent), die Vereinigten Staaten (7,9 Prozent), Russland (7,7 Prozent), und Australien (7,2 Prozent) fördern davon etwa die Hälfte. Weitere große Abbaugebiete von Braunkohle in Europa befinden sich in Griechenland, Polen und Tschechien.

In Deutschland gibt es drei große Braunkohle-Reviere: das Rheinische Braunkohlenrevier in der Niederrheinischen Bucht, das Mitteldeutsche Braunkohlenrevier (siehe auch: Mitteldeutsche Straße der Braunkohle) und das Lausitzer Revier. Daneben existieren noch kleinere Förderstätten im Helmstedter Braunkohlerevier. Weitere kleinere Reviere (Borken, Oberpfalz, …) sind inzwischen ausgekohlt.

Das größte deutsche Braunkohleunternehmen ist die RWE Power AG (vormals RWE Rheinbraun AG) mit Sitz in Essen und Köln.

geeignete Einsatzstoffe

2.1.2.4.3 *Erdpech = Asphalt*

Asphalt bezeichnet eine natürliche oder technisch hergestellte Mischung aus dem Bindemittel Bitumen und Gesteinskörnungen, die im Straßenbau für Fahrbahnbefestigungen, im Hochbau für Bodenbeläge, im Wasserbau und seltener im Deponiebau zur Abdichtung verwendet wird. Aus technischen und wirtschaftlichen Gründen sind Asphaltbefestigungen in verschiedenartige Schichten unterteilt. Hierbei werden Asphalttrag-, Asphaltbinder-, und Asphaltdeckschichten unterschieden. Je nach Dicke und Lage liefern sie ihren Anteil zur Tragfähigkeit der Gesamtkonstruktion, sofern alle Schichten zu einem kompakten Baukörper verbunden sind. Asphalt verhält sich chemisch nahezu inert (träges Reaktionsverhalten) und weist ein thermoplastisches Verhalten auf.

Die Festigkeit von Asphalt wird von den Temperaturverhältnissen bestimmt. Bei tiefen Temperaturen (Winter) verhält er sich elastisch, bei hohen Temperaturen (Sommer) dagegen viskoelastisch. Dieses Temperaturverhalten hat unmittelbaren Einfluss auf Elastizitätsmodul und Schubmodul des Asphalts. Der Elastizitätsmodul beschreibt die Spannung im Asphalt, die infolge einer lastbedingten Verformung auftritt. So schwankt der E-Modul zwischen 1000 N/mm^2 im Sommer und 9000 N/mm^2 im Winter. Der Schubmodul gibt die Spannungen wieder, die infolge von Schubverformungen im Asphalt erzeugt werden.

Natürlicher **Asphalt (auch** *Erdpech* **oder** *Bergteer* **genannt)** entsteht aus Erdöl oder Ölsanden durch Aufnahme von Luftsauerstoff (Oxidation genannt) und Verdunstung von leichtflüchtigen Bestandteilen. Je nach Mineralstoffanteil wird zwischen *Asphaltgestein* (hoher Anteil) und *Asphaltit* (geringer Anteil) unterschieden.

Große Naturasphaltvorkommen befinden sich in Trinidad (der Asphaltsee ist der Ursprung des Trinidad-Naturasphalts), in Venezuela der Lago de Guanoco, in den Schweizer Gemeinden Buttes und Travers sowie im Elsass. Pechelbronn im Elsass war der Ort im europäischen Kulturkreis, an dem zuerst Erdöl gewonnen wurde. Die Erdpechquelle ist seit 1498 belegt. Das aus den Pechelbronner Schichten stammende Erdöl wurde zunächst medizinisch bei Hauterkrankungen benutzt. Die kommerzielle Nutzung aber begann 1735 und endete 1970.

Natürliche Asphalte existieren des Weiteren in Kalifornien (beispielsweise in La Brea), Colorado, Argentinien, Syrien, Alberta, Kanada (Ölsande), auf Kuba, am Toten Meer, in Ägypten und Albanien. Bekannt ist auch der *Gilsonite* genannte Naturasphalt, der seit Mitte des 19. Jahrhunderts im US-Bundesstaat Utah abgebaut wird. Mit seiner Hilfe können die Griffigkeit und Dauerhaftigkeit von technisch hergestelltem Asphalt verbessert werden.

Eine deutsche Naturasphaltlagerstätte liegt zum Beispiel in Vorwohle im Landkreis Holzminden in Niedersachsen. Derzeit befindet sich im niedersächsischen Holzen der einzige Naturasphalt-Untertagebau in Deutschland. Verarbeitet wird dieser Asphalt in Eschershausen. Die übrigen 15 Abbaugebiete sind in den 1950er und 1960er Jahren aus wirtschaftlichen Gründen geschlossen worden.

2.1.2.4.4 Torf

Torf ist ein organisches Sediment, das in Mooren entsteht. Im getrockneten Zustand ist er brennbar. Er bildet sich aus der Ansammlung nicht oder nur unvollständig zersetzter pflanzlicher Substanz und stellt die erste Stufe der Inkohlung dar.

geeignete Einsatzstoffe

Ab einem Gehalt an organischer Substanz von 30 Prozent (Restwasser und Mineralien) spricht man von Torf; Gehalte unter 30 Prozent bezeichnet man als Feuchthumus oder (etwas veraltet) als Moorerde. Man unterscheidet Niedermoortorf, der sich in Niedermooren bildet, von Hochmoortorf, der ausschließlich in Hochmooren gebildet wird. Einige Wissenschaftler klassifizieren auch Übergangstorf, der in seinen Eigenschaften zwischen dem Nieder- und dem Hochmoortorf vermittelt.

Bei Hochmoortorfen unterscheidet man nach dem Grad der Verdichtung und dementsprechend nach dem Heizwert. Die Variation reicht vom Weißtorf über den Brauntorf bis zum Schwarztorf. Der helle *Weißtorf* lässt die Struktur der Pflanzen noch deutlich erkennen, bei weiterer Zersetzung entsteht ein homogener, wenigstens bei Betrachtung mit bloßem Auge strukturloser Körper, *Brauntorf* oder auch *Bunttorf* genannt. Die älteste Torfschicht ist der so genannte *Schwarztorf*. Die unteren Schichten eines Torflagers sind dabei (weil älter, größerem Druck ausgesetzt und während der Entstehung auch durchlüftet) in der Zersetzung weiter fortgeschritten als die oberen.

Weitere je nach dem Grad der Zersetzung verwendete Begriffe sind: Rasen-, Faser- und Pechtorf. Rasentorf ist die jüngste Bildung und besteht aus wenig veränderten, noch gut erkennbaren Pflanzenresten. Er ist gelbbraun und lockerer. Fasertorf besteht aus brauner, bereits strukturlos gewordener Masse und ist mit Fasern schwer zersetzbaren Pflanzenmaterials durchsetzt. Pechtorf ist dunkler und kompakter als Fasertorf. Er ist der älteste, schwerste Torf und zeigt kaum noch erkennbare Pflanzenreste.

Weißtorf wird als Düngetorf zur Auflockerung von Pflanzerde verwendet, die Bezeichnung ist irreführend, da der Gehalt an düngenden Mineralien keine hinreichend breite Zusammensetzung zur ausgewogenen Anreicherung von Mangelböden bietet. Die ökonomische Bedeutung ist zugunsten der ökologischen Neubewertung nasser Moorflächen erheblich verändert.

Wo die Bodenbeschaffenheit eine Ansammlung von stehendem seichtem Wasser in flachen Seen und Senken der Flussauen gestattet, wird dieses im Laufe der Zeit eutrophieren und durch die abgestorbenen Pflanzenreste verlanden.

Vorerst entsteht ein nährstoffreiches Niedermoor mit Niedermoortorf. Bei geeigneten Bedingungen koppelt sich die Oberfläche des Moores durch Auflagerungen allmählich vom stehenden Grundwasser in der Senke ab. Das Moorwasser hat nun einen niedrigen pH-Wert (um die 3,4–3,7), kaum noch Nährstoffe und nur wenig Sauerstoff sind gelöst, so dass die aerobe und anaerobe Zersetzung pflanzlicher Substanzen gehemmt ist. An diese Bedingung sind die Hochmoor-Pflanzengesellschaften angepasst, deren Ablagerungen den Hochmoortorf bilden.

Die Entstehung von Torf geht sehr langsam vor sich. Als Durchschnittswert für die Torfablagerung in einem Moor ist ein Mittelwert von 1 mm pro Jahr anzusetzen (bis zu 10 mm = 1 cm pro Jahr sind auch bekannt). Die Entstehung des norddeutschen Teufelsmoores bei Worpswede benötigte ca. 8.000 Jahre.

Torfmoos ist in sauren Hochmooren die wichtigste torfbildende Pflanze
Die Pflanzen, die zur Vermoorung und Vertorfung führen, sind solche, welche in großer Anzahl vorkommen und stark wuchern, besonders aber verfilzte Wurzeln treiben: die Heiden (Besenheide, Glocken-Heide), Sauergräser (besonders *Seggen*-Arten und Wollgräser und Simsen), Binsen, Schwarz-Erlen, vor allem aber Torfmoose (*Sphagnum*). In hoch gelegenen Regionen kann auch die Bergkiefer (*Pinus mugo*) eine Rolle spielen. Je nach Beteili-

geeignete Einsatzstoffe

gung einzelner der genannten Pflanzen an der Moorbildung der Ökologies und den hydrologischen Verhältnissen unterscheidet man Niedermoore, Zwischenmoore sowie Hochmoore. In Ersteren dominieren Seggenriede, Röhrichte und Bruchwälder, in den nährstoffärmeren Zwischen- und Hochmooren sind Torf- und Braunmoose die Haupttorfbildner.

Torf hat als Brennstoff in trockenem Zustand einen Heizwert von 20–22 MJ/kg, vergleichbar mit Braunkohle. Allerdings hat frischer Torf einen sehr hohen Wassergehalt und muss daher vor der Verbrennung in der Regel aufwändig getrocknet werden. Zudem hat Torf einen sehr hohen Aschegehalt, einen niedrigen Ascheschmelzpunkt und enthält einige chemische Bestandteile, die sich bei der Verbrennung korrosiv und/oder umweltschädlich verhalten. Der Ausbrand erfolgt sehr langsam, die Asche enthält viel Unverbranntes und glüht daher lange nach. Aus diesen Gründen zählt Torf zu den eher problematischen und minderwertigen Brennstoffen. Offenes Torffeuer riecht wegen der enthaltenen sauren Bestandteile recht stark.

Land	Energieerzeugung aus Torf [ktoe/a]	Anteil Torf am Brennstoffverbrauch
Finnland	ca. 2000	7%
Irland	ca. 800	5%
Schweden	ca. 350	0,7%
Estland	ca. 100	1,7%
Litauen	ca. 65	ca. 0,3%
Lettland	ca. 20	ca. 0,5% (stark abnehmend)

Unerlässlich ist der Torf als Brennstoff noch bei der Malzherstellung für viele schottische Whiskysorten, da der Torfrauch erheblich zum Geschmack des Endproduktes beiträgt; außerhalb Schottlands produzierte Whiskys verwenden meist keinen Torfrauch. Als Brennstoff für die allgemeine Anwendung wird Torf heute in nennenswerter Menge nur noch in jenen Regionen verwendet, in denen es ausgedehnte Moorlandschaften gibt. In der EU sind dies vor allem Skandinavien (Finnland, Schweden), die britischen Inseln (Irland, Schottland), das Baltikum (Estland, Lettland, Litauen):

1 ktoe = 10^6 ÖE = 11,6 GWh = ca. 3500–4000 t Torf

Quelle: FUEL PEAT INDUSTRY IN EU Report im Auftrag der *European Peat and Growing Media Association* (2006)

Anmerkung: Die Nutzung von Torf in den o. g. Ländern ist sehr unterschiedlich. In Finnland, Irland und Schweden wird der Großteil in größeren Kraft- und Heizwerken verbrannt, in den baltischen Staaten in kleinen Heizungen.

Torf-Kraftwerke

Einige moorreiche Länder betreiben auch heute noch Torfkraftwerke, in denen Torf in großem Maßstab als Brennstoff zur Stromerzeugung eingesetzt wird. Früher wurde der Torf überwiegend in Soden-/Ballenform auf einem Rost verbrannt, heute überwiegend in gemahlener Form in einer Wirbelschicht.

Torfkohle

Man kann Torf, statt ihn *direkt* als Brennstoff verwenden, auch zu Torfkohle umwandeln, indem man ihn – ähnlich wie bei der Herstellung von Holzkohle – unter geringer Luft- bzw. Sauerstoffzufuhr langsam in einem Kohlenmeiler „verkohlt". Auf diese Weise gewinnt man einen Brennstoff, der einen we-

geeignete Einsatzstoffe

sentlich höheren Heizwert und günstigere Verbrennungseigenschaften aufweist.

Dieses Verfahren war im 18. und frühen 19. Jahrhundert verbreitet, da der Bedarf an heizwertreichen Brennstoffen mit der Industrialisierung in der Erzverhüttung, in Ziegeleien und weiteren Industrien rapide anstieg. Da „echte" Kohle noch nicht in ausreichender Menge verfügbar war und Holzkohle durch großflächige Abholzung von Wäldern knapp geworden war, kam es gelegen, dass wegen des zunehmenden Siedlungsdrucks große Torfgebiete urbar gemacht wurden und daher Torf in größerer Menge als billiger Brennstoff für die Verkohlung zur Verfügung stand. Torf wurde so zu einem wichtigen überregionalen Handelsgut. Da Torfasche lange nachglüht, führte dies zu vielen Bränden. Ab Mitte des 19. Jahrhunderts ließ mit der Erfindung der Eisenbahn im 19. Jahrhundert und nach der Aufforstung mit schnellwachsenden Nadelbäumen der Mangel an Kohle und Holz nach und die Torfkohle verlor an Bedeutung.

Whisky-Herstellung

In einigen Whisky-Destillerien, vor allem auf den schottischen Inseln, wird das Malz über einem Torffeuer gedarrt. Ursprünglich war dies ein einfaches Gebot der Notwendigkeit, da Schottland sehr waldarm ist und Holz- oder Holzkohlefeuer daher zu teuer waren. Heute ist das Torffeuer zu einem wichtigen Geschmacksträger geworden; nur so kann der spezielle rauchig-phenolartige Geschmack einiger Whiskys erzielt werden.

Brennstoff für Dampflokomotiven

Torf wurde in verschiedenen Gegenden auch als Heizmaterial für Dampflokomotiven verwendet. Wegen des (bereits erwähnten) langen Nachglühens der Torfasche hatten diese Dampflokomotiven zur Verhinderung von Waldbränden charakteristisch birnenförmige Schornsteine. Um eine entsprechende Menge von Torf mitführen zu können, führten Dampflokomotiven teilweise mehrere geschlossene Torftender oder auch sogenannte Torfmunitionswagen hinter sich her.

Heizmaterial für Gärtnereibetriebe

Torf wurde regional in großen Mengen verheizt, auch um Gärtnereibetriebe mit Wärme für Gewächshäuser zu versorgen. Ein großer Betrieb in Wiesmoor, die Wiesmoor-Gärtnerei wurde noch im 20. Jahrhundert in Nachbarschaft eines Torfkraftwerks eröffnet. Die Regionen Ammerland und Ostfriesland sind für große Vielfalten an Azaleenkulturen bekannt. Der Ursprung der Gewächshauskulturen in den Niederlanden und in Flandern geht auf die Nutzung des Torfs als Heizmaterial und als Substrat zurück.

Kultursubstrat

Da Torf ein Vielfaches seines Eigengewichtes an Wasser speichern kann, wird er mit Kalk neutralisiert, mit Nährsalzen und weiteren Zuschlagstoffen wie Ton oder Sand aufgemischt und so zum Kultursubstrat weiterverarbeitet. Einige Pflanzen wie Azaleen benötigen einen sauren Boden und so dient die Beimischung von Torf üblicherweise auch zur präzisen Regelung des Säurehaushaltes des Bodens. In der Berufsgärtnerei gibt es in diesem Bereich kaum Ersatzmöglichkeiten für Torf. Kritisiert wird von Naturschützern insbesondere der Einsatz von Torf im privaten Garten. Von Hobbygärtnern werden jedes Jahr zur Bodenverbesserung rund 2,3 Millionen Kubikmeter Torf ausgebracht. Ohne vorhergehendes Neutralisieren und Düngen kann dieser lediglich die Durchlüftung des Bodens verbessern, sonst jedoch durchaus die Bodenqualität verschlechtern, da Hochmoortorf extrem nährstoffarm ist und zur Bodenversauerung führt. Es empfiehlt sich, den Torf vor

geeignete Einsatzstoffe

der Ausbringung thermisch zu behandeln (zum Beispiel durch Dämpfen), um gegebenenfalls bestehende Krankheitserreger und Schädlinge sowie Unkräuter bzw. deren Samen abzutöten und blockierte Nährstoffe pflanzenverfügbar zu machen.

Aus Rinde oder Holzabfällen werden deshalb inzwischen Torfersatzstoffe hergestellt, die eine ähnliche bodenverbessernde Wirkung haben, aber kaum zur Versauerung des Bodens beitragen. In vielen Fällen ist einfacher Kompost das beste Mittel zur Bodenverbesserung.

Medizin, Kosmetik

Torf wird vielfach in der Medizin und Körperpflege eingesetzt, vor allem als Moorbad, Moorpackungen und sogar als Torfsauna. Badetorf unterscheidet sich von normalem Torf durch seine geringe Zahl an gesundheitlich gefährdenden Mikroorganismen. Die heilende Wirkung des Torfes ist noch nicht vollständig erforscht. Balneologen vermuten eine heilende Wirkung, wenn der Torf als dickflüssiger Moorbrei mit Temperaturen von 38 °C bis 40 °C auf die Haut aufgebracht wird. Insbesondere von der damit verbundenen Wärmebehandlung, daneben auch von den enthaltenen Huminsäuren, verspricht man sich einen positiven Einfluss auf das Endokrine System und eine Förderung der Durchblutung des Körpers. Eine besonders positive Eigenschaft haben die milden Huminsäuren, die im Schwarztorf mehr als im Weisstorf enthalten sind. Die Huminsäuren bewirken eine bessere Durchblutung der Haut und lassen diese weich wirken. Die Huminsäuren liegen im schwach sauren Bereich pH um 5,7. Der Torf für die äußeren Anwendungen wird aus landwirtschaftlich ungenutzten Abbauflächen gewonnen. Die geeignetsten Abbaugebiete für schweren Schwarztorf zur Herstellung von Moorbädern und Packungen ist Ostfriesland.

In der Chemie wird Torf auch als natürlicher Ionentauscher verwendet. Weitere Nutzungen sind in der Tierhaltung und der Medizin zu finden, sodass insgesamt Torf wegen seiner vielfältigen anderweitigen Vorteile zum Hydrieren nur in Ausnahmefällen herangezogen werden sollte.

2.1.3 Energiegehalt von Biomasse

Hier folgen einige Quellen, aus denen die Eckdaten entnommen sind.

2.1.3.1   Durchblick

Die folgend auszugsweise wiedergegebene Broschüre der Fachagentur zeigt wie es um einige verbreitete Vorurteile wirklich bestellt ist.

Danach können die Bio-Materialien gut zu unserer Energieversorgung beitragen, ohne die Nahrungsbasis zu beeinträchtigen, die CO_2-Bilanz zu verschlechtern oder andere schädliche Nebenwirkungen zu verstärken.

Ausserdem sind von dieser Bundes-Agentur wichtige Rahmendaten angeführt, die das Projekt „BioKernSprit" zusätzlich bestätigen.

Der volle Durchblick in Sachen Bioenergie

Daten & Fakten zur Debatte um eine wichtige Energiequelle

Auf den ersten Blick erscheinen viele Vorbehalte gegenüber der Bioenergie plausibel. Doch dahinter verbirgt sich ein ganz anderes Bild. Mit Daten und Fakten über den wichtigen Energieträger Biomasse erweitert diese Broschüre den Blickwinkel zum vollen Durchblick.

Sprit mit Kernwärme aus Biomasse und Kohle

Den Preis macht nicht das Korn allein.

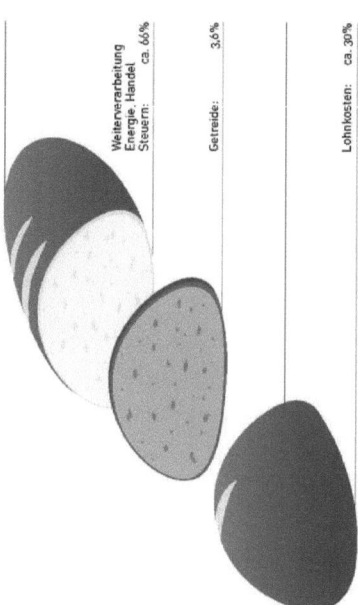

Weiterverarbeitung
Energie, Handel
Steuern: ca. 66%

Getreide: 3,6%

Lohnkosten: ca. 30%

Nur ein Bruchteil der weltweit produzierten Agrargüter wird bisher als Bioenergie genutzt. Trotzdem sind die Weltpreise für Getreide wie z.B. Weizen und Mais in die Höhe geschnellt. Der Grund: Ernten sind wegen extremer Dürren ausgefallen. Die Lagerbestände der großen Agrarhändler sind gleichzeitig sehr niedrig. Außerdem: Immer mehr Menschen, vor allem in den asiatischen Wachstumsregionen, wollen mehr Fleisch- und Milchprodukte konsumieren. Das führt zu einem überproportional starken Verbrauch von Getreide und Ölsaaten als Futtermittel. Ergebnis: Die Preise steigen. Weltweit lohnt es sich für Landwirte damit wieder, in den Anbau zu investieren und brachliegende Flächen zu bestellen. Da die Landwirte in den vergangenen Jahren oft nur sehr niedrige Erlöse für ihre Produkte erzielten, wurde in vielen Regionen der Erde die landwirtschaftliche Produktion aufgegeben und nicht ausreichend investiert. Die Getreidepreise auf den Weltmärkten sollten allerdings nicht mit dem Brotpreis beim Bäcker nebenan verwechselt werden. Der Kostenanteil des Rohstoffs Getreide am Preis für das Endprodukt Brot ist sehr gering (3,6%) Das Getreide macht bei einem Brotpreis von 2 Euro weniger als 10 Cent aus. Wichtiger sind andere Kosten wie z.B. Löhne, Weiterverarbeitung und Steuern.

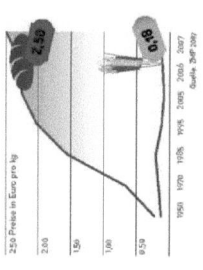

Der Brotpreis steigt stärker als der Preis für das Getreide

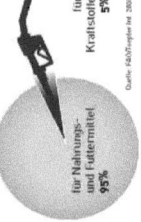

Nur ein Bruchteil der Weltgetreideernte wird für Biokraftstoffe genutzt

für Kraftstoffe 5%

für Nahrungs- und Futtermittel 95%

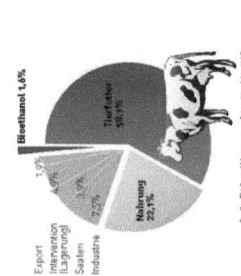

Die europäische Getreideernte wird überwiegend als Tierfutter verwertet

Energiegehalt von Biomasse

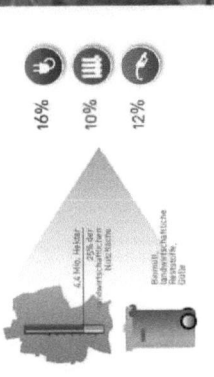

Unsere Landwirtschaft kann neben Nahrung auch 25% unserer Energie bereitstellen.

Strom, Wärme oder Kraftstoffe können aus Energiepflanzen (z.B. Raps, Mais, Getreide), aus Holz sowie - in vergleichbarem Umfang - aus Reststoffen (z.B. Gülle und Biomüll) gewonnen werden. 2007 wuchsen in Deutschland auf 2 Mio. Hektar Energiepflanzen, das sind 12 % der landwirtschaftlichen Nutzfläche.

Die Fläche könnte nach einer Studie des Bundesumweltministeriums bis 2030 auf 4,4 Mio. Hektar mehr als verdoppelt werden - ohne dabei die Versorgung mit Nahrungsmitteln in Frage zu stellen. Für deren Anbau werden in Zukunft nämlich weniger Flächen benötigt: Demographischer Wandel, sinkende Exporte und steigende Erträge machen es möglich.

Die Ackerfläche kann natürlich nur einmal verplant werden – aber Biomasse steht auch in Form von Reststoffen aus der Futter- und Nahrungsmittelproduktion zur Verfügung, z.B. Rübenblätter, Gülle, Mist und Nebenprodukte wie z.B. Kartoffelschalen.

Landwirtschaft und Bioenergie müssen sich also keine Konkurrenz machen – sondern gehen längst Hand in Hand. **Addiert man zu den eigens angebauten Energiepflanzen die vielen verschiedenen Quellen von Reststoffen, so reicht dieses Potenzial, um bis 2050 Deutschland zu 25 % mit Bioenergie zu versorgen.**

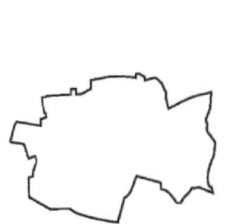

2030: Viel Energie von wenig Fläche und vielen Reststoffen

16%
10%
12%

Sprit mit Kernwärme aus Biomasse und Kohle

Unser Biodiesel lässt den Regenwald in Ruhe.

MADE IN GERMANY 80% / 20%

Biokraftstoffe werden in Deutschland hauptsächlich mit heimischer Biomasse erzeugt, nämlich Pflanzenöl aus Raps. Importe von Biomasse für die Biokraftstoffproduktion sind im Vergleich zu den Importen von z.B. Futtermitteln noch marginal, nehmen allerdings zu. US-amerikanische und argentinische Dumping-Exporte von Biodiesel auf Basis von Soja drängen bereits verstärkt auf den deutschen Kraftstoffmarkt. Kleine und mittelständische deutsche Biodieselhersteller, die auf kurze, regional verankerte Produktionsketten setzten, sind damit gefährdet.

Importe von zerstörten Urwaldflächen: Unerwünscht in Deutschland und Europa

Die Bundesregierung hat mit der Biomasse-Nachhaltigkeitsverordnung von Dezember 2007 Bedingungen für die zukünftige Nutzung von Biomasse für Biokraftstoffe vorgelegt. Importe von Biomasse für Biokraftstoffe können nur dann auf den deutschen Kraftstoffmarkt gelassen und zur Erfüllung der Quoten angerechnet werden, wenn die CO2-Emissionen mindestens um 30% bzw. (ab 2011), um 40% unter den Emissionen von konventionellen Kraftstoffen liegen. Biokraftstoffe, deren Biomasse von der Zerstörung von Regenwäldern oder Mooren gewonnen wurde, würden aufgrund ihrer deutlich schlechteren Klimabilanz nicht mehr für Importe nach Deutschland in Frage kommen.

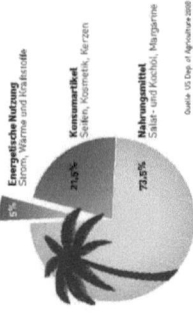

Nur 5% des weltweiten Palmölverbrauchs fließt in Strom, Wärme und Kraftstoffe

5% **Energetische Nutzung** Strom, Wärme und Kraftstoffe
21,5% **Konsumartikel** Seifen, Kosmetik, Kerzen
73,5% **Nahrungsmittel** Salat- und Kochöl, Margarine

Quelle: US Dep. of Agriculture 2005

Palmöl aus Indonesien spielt auf dem deutschen Biokraftstoffmarkt keine Rolle. Bei niedrigen Temperaturen wird Biodiesel aus Palmöl nämlich fast und scheidet als Kraftstoff in Mittel- und Nordeuropa aus. Die Arbeitsgemeinschaft Qualitätsmanagement Biodiesel (AGQM) hat seit Beginn ihrer unangekündigten Proben bei deutschen Biodieselproduzenten 2004 kein Palmöl gefunden.

Verantwortlich für die Regenwaldzerstörung ist der steigende Bedarf im Bereich Nahrungsmittel und stofflicher Nutzung. 95% des weltweiten Palmölverbrauchs fließen in diese Bereiche. Egal, wie es verwendet wird: Palmöl, das von gerodeten Urwaldflächen stammt, muss durch internationale strenge Nachhaltigkeitskriterien ausgeschlossen werden.

Es hilft darum nur wenig, wenn nur die anfallsmäßig kleine Nutzung von Palmöl im Energiebereich kontrolliert wird – alle importierten Agrarrohstoffe sollten hinsichtlich ökologischer Kriterien überprüft werden. Nachhaltigkeitskriterien müssen für alle Nutzungspfade von Agrargütern gelten – sonst geht der nicht nachhaltige Anbau für Nahrungs- und Futtermittel auf anderen Flächen einfach weiter.

Bilaterale Verträge der Bundesregierung mit Anbauländern sowie unabhängige lokale Kontrollsysteme sollen darum zunächst garantieren, dass keine ökologisch besonders wertvollen Flächen mehr für den Anbau von Biomasse in Beschlag genommen werden. Um Importe aus nachhaltigem Biomasse-Anbau möglich zu machen, wird seit Februar 2007 ein Zertifizierungssystem entwickelt. Auch auf EU-Ebene werden entsprechende Standards vorbereitet. Die Zertifizierung von Biokraftstoffen nach strengen Nachhaltigkeitsstandards kann ein wichtiger Anreiz sein, den Verlust von ökologisch besonders wertvollen Flächen zu stoppen. Sie ist aber auch kein Allheilmittel für die komplexeren Probleme, die zu Abholzungen und zum Verlust von Biodiversität führen.

Energiegehalt von Biomasse

Bioenergie ist für Entwicklungsländer eine Chance zur wirtschaftlichen Entwicklung

Trotz einer um 5% höheren Weltgetreideernte in 2007 stiegen die Preise auf den Agrarmärkten massiv an. Mehrere Faktoren sind dafür verantwortlich:
- Ernteausfälle aufgrund von Klimaextremen in wichtigen Anbauländern (Australien, Nordamerika, Osteuropa)
- weltweit historisch niedrige Lagerbestände
- gestiegene Nachfrage nach Getreide als Futtermittel aufgrund des zunehmenden Fleischkonsums insbesondere in China und Indien
- trotz steigender Preise kein Rückgang der Nachfrage der Wachstumsregionen (China, Indien) aufgrund gestiegener Kaufkraft

Aufgrund der in den vergangenen Jahren verhältnismäßig niedrigen Erzeugerpreise liegen weiterhin weltweit Flächen brach. Auch Neuinvestitionen in die Steigerung der landwirtschaftlichen Produktion sind bisher nicht erfolgt – weswegen es jetzt zu Engpässen kommt. Markttreibende Anleger drängen vor diesem Hintergrund verstärkt in spekulativer Absicht auf die Märkte für Agrarrohstoffe. Die Preisentwicklung wird zunehmend volatil und koppelt sich vom realen Verhältnis von Angebot und Nachfrage ab.

Die steigende Nachfrage nach Biokraftstoffen trägt auf den dort derzeit angespannten Weltagrarmärkten direkt oder indirekt auch zur Verknappung des Angebotes von Nahrungs- und Futtermitteln bei. Im Zweifel muss die Nahrungsproduktion dabei immer Vorrang haben – Food first!

Tank und Teller sind möglich

Mit rund 100 Mio. Tonnen flossen 2007 nur knapp 5% der Weltgetreideernte (2,1 Mrd. Tonnen) in die Produktion von Biokraftstoffen. Angesichts ausreichender Flächen- und Biomassepotenziale muss es keine Konkurrenz zwischen Nahrungsmittelproduktion und energetischer Nutzung von Biomasse geben. Wir müssen uns nicht zwischen „Tank oder Teller" entscheiden. Wir können beides haben – wenn vorhandene Potenziale gezielt erschlossen und nachhaltig genutzt werden. Hunger dagegen ist vor allem ein Armutsproblem. Es hat mit Verteilungsgerechtigkeit zu tun und bedeutet nicht, dass grundsätzlich zu wenig Nahrungsmittel produziert wurden.

Chance Bioenergie

Viele Kleinbauern in Entwicklungsländern haben unter dem Druck niedriger Weltmarktpreise und mangelnder Rentabilität in den vergangenen Jahren aufgegeben, sind in die Metropolen abgewandert. Der Einstieg in die nachhaltige Nutzung der Bioenergie bietet die Chance einer Trendwende.
- Die Produktion von Strom, Wärme und Treibstoffen schafft ein zweites wirtschaftliches Standbein für Landwirte.
- Die Abhängigkeit von teuren fossilen Energieträgern wird reduziert.
- In Entwicklungsländern bietet Bioenergie die kostengünstige dezentrale Energieversorgung, die für alle weiteren gesellschaftlichen und ökonomischen Aktivitäten unerlässlich ist.
- In den ärmsten Ländern, die traditionelle Biomasse (z.B. Dung, Holz) ineffizient nutzen, kann die Versorgung modernisiert und der Raubbau (Brennholz) gebremst werden.

Bioenergie führt aus der Erdölfalle und hält die Devisen im Land

Anteil fossiler Brennstoffe an allen Importen
- Indien: 36,2%
- Elfenbeinküste: 34,8%
- Indonesien: 22,2%
- Brasilien: 19,3%

Quelle: WTO World Trade Statistics 2007

Die hohe Abhängigkeit vieler Schwellen- und Entwicklungsländer von Importen fossiler Brennstoffe hat mit dem Preisanstieg für Erdöl seit den 1970er Jahren maßgeblich in die Verschuldung geführt. Die Entwicklungsländer mussten ja weiterhin bei immer schwächerer Kaufkraft die steigenden Weltmarktpreise zahlen. Der Anteil der Ausgaben für den Import fossiler Energieträger stieg im Verhältnis zu den Exporteinnahmen damit in vielen Entwicklungsländern auf über 50% bis 75%, d.h. die geringen Einnahmen durch heimische Produkte auf dem Weltmarkt werden umgehend von der Ölrechnung wieder aufgefressen.

Ein Anstieg des Rohölpreises um 10 US$ je Barrel und Jahr führt zu einem Rückgang des Bruttosozialprodukts um durchschnittlich....

- **3,0%** in den Entwicklungsländern Subsahara-Afrikas
- **1,6%** in den hocheverschuldeten Entwicklungsländern
- **0,8%** in den Entwicklungsländern Südostasiens
- **0,4%** in den westlichen Industrieländern (OECD)

Quelle: IEA World Energy Outlook 2006

101

Sprit mit Kernwärme aus Biomasse und Kohle

Gülle stinkt.
Biogasanlagen nicht.

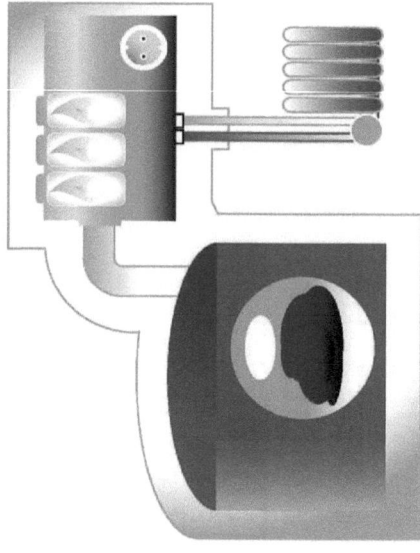

Biogas wird in geschlossenen Kreisläufen erzeugt.

Korrekt betriebene Biogasanlagen stinken nicht. Eine Geruchsbelästigung durch Biogasanlagen kann es nur dann geben, wenn die Biomasse vor oder nach dem Prozess nicht sachgerecht gelagert wird, wenn der biologische Prozess aus dem Gleichgewicht kommt, oder wenn schlecht vergorenes Material wieder auf den Acker ausgebracht wird.

Die Sorge vor Geruchsbelästigungen durch Biogasanlagen ist damit heute weitgehend unbegründet. Mehr noch: Gülle aus der landwirtschaftlichen Tierhaltung, die vor ihrer Ausbringung auf die Ackerflächen zunächst in einer Biogasanlage vergoren und energetisch genutzt wurde, verursacht wesentlich geringere Geruchsbelästigungen als unvergorene Gülle. Das in der Gülle enthaltene Methan wird in der Biogasanlage zur Strom- und Wärmeerzeugung genutzt. Deshalb kann dieses extrem klimaschädliche Gas bei der Austringung der Gärreste, d.h. von vergorener Gülle, nicht mehr in die Atmosphäre entweichen.

Darüber hinaus sind die Nährstoffe in vergorener Gülle für Pflanzen besser verfügbar. Durch die Rückführung des Gärrestes auf die Ackerflächen kann daher mit diesem wertvollen Dünger der Einsatz von synthetischen Düngemitteln reduziert werden. So schließt sich der regionale Nährstoffkreislauf über die Biogasanlage. Für benachbarte Wohngebäude ist eine Biogasanlage oft ein Zugewinn, da von ihr die Wärme zur Beheizung des Wohnhauses günstiger bezogen werden kann als über die eigene Erdgas- oder Ölheizung.

Eine Landwirtschaft, die man überhaupt nicht riecht, wird es aber wohl nie geben.

Deutschland ist Biogas-Europameister
Biogas-Primärenergie 2006 in Mrd. kWh
(mit Klär- und Deponiegas)

Biogas in Deutschland 2007

Anlagenzahl
3.711 Biogasanlagen

Neuinvestitionen der deutschen Biogasbranche
ca. 650 Mio. EURO

davon im Ausland
ca. 150 Mio. EURO

Beschäftigung
10.000 Arbeitsplätze

Installierte Gesamtleistung:
1.270 Megawatt

Stromproduktion:
8,9 Mrd. kWh

Anteil am gesamten Stromverbrauch:
1,5 %

Damit wird der Stromverbrauch von über 2,5 Mio. Haushalten abgedeckt. Das entspricht etwa der Stromproduktion eines durchschnittlichen Atomreaktors.

Energiegehalt von Biomasse

Biodiesel spart bis zu 66% CO2 ein.

Das bei der Verbrennung von Biomasse freigesetzte CO2 entspricht der Menge, die die Pflanze während ihres Wachstums aufgenommen hat. Nachwachsende Biomasse absorbiert wiederum die freigesetzte Menge CO2. Es handelt sich somit um einen geschlossenen CO2-Kreislauf.

Die Klimabilanz der verschiedenen Biokraftstoffe hängt davon ab, wie energieintensiv der Anbau ist (z.B. Düngen, Pflügen) und wie aufwändig sich Transport und Umwandlung gestalten (Effizienz z.B. einer Bioraffinerie). Aus Sicht der Klimabilanz sind daher geschlossene, dezentrale Kreisläufe optimal, bei denen thermische Energiepflanzen effizient genutzt werden. Neue Verfahren der Biokraftstoffproduktion (BtL) können die Energie- und Klimabilanz weiter verbessern.

Aus Raps wird in der Ölmühle Pflanzenöl und Rapsschrot gewonnen. In der Biodiesel-Anlage wird das Pflanzenöl zu Biodiesel aufbereitet, der als Biokraftstoff in Autos, Lkw, Flugzeugen oder Schiffen verbraucht werden kann. Nachwachsender Raps absorbiert das ausgestoßene CO2 wieder. Das in der Ölmühle anfallende Rapsschrot dient als proteinhaltiges Futter in der Viehzucht. Dort anfallende Gülle kann wiederum in Biogasanlagen energetisch verwertet werden. Gärreste aus der Biogasanlage können schließlich als Dünger für den Rapsanbau dienen. Für den Rapsanbau und den Betrieb der Biodiesel-Anlage muss allerdings zusätzlich von außen Prozessenergie zugeführt werden – z.B. Bioenergie.

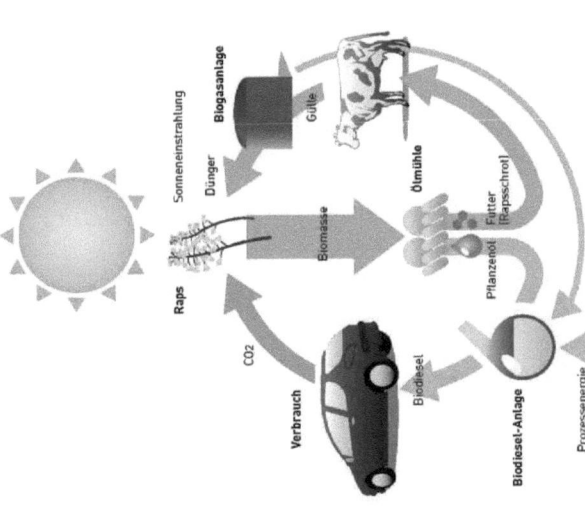

Die Nutzung von Nebenprodukten und ein effizienter Anbau verbessern die Energiebilanz und senken den CO2-Ausstoß von Biokraftstoffen erheblich. Der Kreislauf der Bioethanol-Produktion ist vergleichbar.

Klimabilanz von fossilen und Biokraftstoffen
Kilogramm CO2-Äquivalent pro Liter Kraftstoff(äquivalent)*

Benzin | Diesel | Biodiesel (Raps) | Pflanzenöl (Raps) | Bioethanol (Getreide) | Biogas (Mais) | BtL (Holz) | Bioethanol (Stroh)

Bioenergie ist sinnvoller Teil der Fruchtfolgen.

An jedem Standort können Fruchtfolgen angepasst werden, die mit Energiepflanzen wie z.B. Raps optimale Erträge und Bodenschutz erreichen. Raps kann nur mit drei- bis vierjährigem Abstand wieder auf derselben Fläche angebaut werden – eine Monokultur ist damit ausgeschlossen.

Beim Anbau von Energiepflanzen für Biogas und Biokraftstoffe müssen auch die Cross Compliance-Vorgaben der EU eingehalten werden. Diese schreiben eine Reihe von Nachhaltigkeitskriterien vor, die jeder Landwirt einhalten muss, der EU-Gelder erhält. Damit wird schon heute z.B. ein zu hoher Anteil von Mais in der Fruchtfolge verhindert. Nach deutschen Vorgaben müssen im Rahmen der „Guten fachlichen Praxis" (GfP) eine Reihe von Bestimmungen aus dem landwirtschaftlichen Fachrecht eingehalten werden, so z.B. das Pflanzenschutzgesetz und die Bundesbodenschutzgesetz und die Düngeverordnung.

Diese Vorgaben und die notwendige Fruchtfolge verbieten den dauerhaften Anbau derselben Kulturpflanzensorte. Bereits aus eigenem ökonomischem und ökologischem Interesse heraus würde ein Landwirt sein kostbarstes Gut – einen ertragsstarken Boden – nicht durch unsachgemäße Bewirtschaftung gefährden.

Mit zunehmendem Interesse am Anbau für die Bioenergie breiten sich auch innovative, ökologisch besonders sinnvolle Anbausysteme aus, z.B.

- Mischfruchtanbau: Energiepflanzen wie Mais und Sonnenblumen werden gleichzeitig auf einer Fläche zur Nutzung in der Biogasanlage angebaut.
- Zweikultursysteme: Während eines Jahres wird eine Winter- und eine Sommerkultur angebaut, z.B. Wintertriticale und Zuckerhirse, womit ein maximaler Biomasse-Ertrag erzielt wird. Gleichzeitig können Herbizide und Bodenerosion vermieden werden.

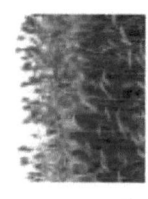

Mischfruchtanbau: Sonnenblume und Mais vereint auf einem Acker

Zuckerhirse als Sommerzwischenfrucht

Beispiel für getreidebetonte Fruchtfolge in Norddeutschland mit je einjährigen Anbaukulturen

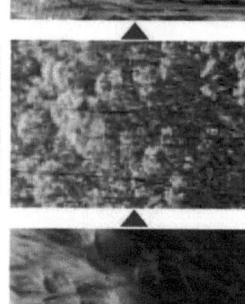

2007 Gerste
- Brot- und Braugetreide
- Futtermittel
- Biogaserzeugung

2008 Raps
- Pflanzenöl
- Biodiesel
- Futtermittel

  - fördert den Humusaufbau
  - verbessert die Bodenstruktur (Tragfähigkeit, Sauerstoffgehalt)
  - bindet Stickstoff
  - unterbindet Pflanzenkrankheiten beim Getreide

2009 Weizen
- Futtermittel
- Brotgetreide
- Bioethanol

Energiegehalt von Biomasse

Bioenergie: Vorteile statt Vorurteile

Bioenergie – die Energie der kurzen Wege

Die Bioenergie ist unter den Erneuerbaren Energien der Alleskönner: Sowohl Strom, Wärme als auch Treibstoffe können aus fester, flüssiger und gasförmiger Biomasse gewonnen werden. Die Vielfalt der Nutzungsmöglichkeiten wird in Deutschland gerade erst entdeckt.

Mit Bioenergie gewinnen die Regionen

Ein dezentraler Ausbau der Bioenergienutzung kann insbesondere die regionale Wertschöpfung stärken. Die Bioenergie bietet der Landwirtschaft ein zusätzliches Standbein. Statt die Energierechnung bei russischen Erdgas-Konzernen und arabischen Ölscheichs zu bezahlen, bleiben die Ausgaben für Energie dann in der Region. Werden lokale Synergien erschlossen und Kreisläufe geschlossen, kann die Nutzung von Bioenergie zum Motor der ländlichen Entwicklung werden und können gleichzeitig Energiekosten deutlich gesenkt werden. Immer mehr Bioenergie-Dörfer und -Regionen machen es vor.

Der zuverlässige Teamplayer

Als grundlastfähige und optimal speicherfähige Quelle Erneuerbarer Energien übernimmt die Bioenergie eine zentrale Rolle in der zukünftigen Energieversorgung, die überwiegend auf Erneuerbaren Energien basieren wird. Im Zusammenspiel mit Wind und Sonne schafft Bioenergie zuverlässig und sicher eine ausschließliche Versorgung mit Erneuerbaren Energien.

Klimaschützer Bioenergie

Bioenergie – einschließlich der verschiedenen Formen von Biokraftstoffen – macht heute fast die Hälfte des Klimaschutz-Beitrags der Erneuerbaren Energien in Deutschland aus. Bioenergie hat 2007 bei uns 53,7 Mio. Tonnen CO_2 vermieden – das ist soviel wie alle Treibhausgas-Emissionen der Schweiz zusammen. Biokraftstoffe allein reduzierten 2007 die CO_2-Emissionen um 14,3 Mio. Tonnen – soviel wie alle Berliner Privathaushalte jährlich ausstoßen. Wer die Kyoto-Ziele erreichen will, muss auch die Nutzung der Bioenergie massiv voranbringen.

Die Bioenergie im Konzert der Erneuerbaren Energien
Anteil am deutschen Energieverbrauch 2007

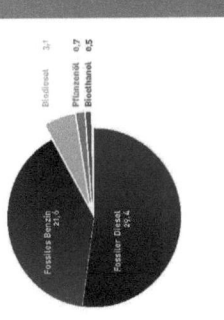

Biogas – effiziente Strom-, Wärme- und Kraftstofferzeugung

Biogas wird in Deutschland dezentral in landwirtschaftlichen Biogasanlagen erzeugt. Importe von Biomasse spielen dabei keine Rolle. Die Biogaserzeugung stärkt so die regionale Wertschöpfung, schließt Stoffkreisläufe und nutzt Synergien vor Ort. Biogas bietet der Landwirtschaft ein zusätzliches Standbein zur Diversifizierung ihrer wirtschaftlichen Tätigkeiten.

Blockheizkraftwerke (BHKWs) nutzen Biogas für die Strom- und Wärmeerzeugung. Diese gekoppelte Strom- und Wärmeerzeugung (KWK) ist besonders effizient. Die Entfernung zu den Verbrauchern überbrücken Strom-, Erdgas-, Mikrogas- oder auch Nahwärmenetze.

Dass besonders große Biogaspotenziale vor allem im dünn besiedelten ländlichen Raum erschlossen werden können, stellt keine Hürde für eine effiziente Biogasnutzung dar. Oft bringt eine gezielte Standortwahl die landwirtschaftlichen Erzeuger und die Wärmeabnehmer zusammen. Ab einer bestimmten Siedlungsdichte und Abnahmemenge lohnt sich auch die Errichtung kleiner, lokal begrenzter Nahwärme- und Mikrogasnetze.

Primärkraftstoffverbrauch in Deutschland 2007 (ohne Luft- und Bahnverkehr; in Millionen Tonnen)

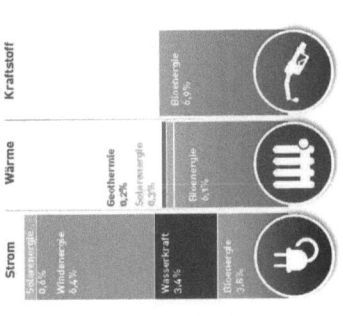

Erfolgreich vor Ort mit Biogas

Biogasanlage mit Mikrogas- und Nahwärmenetz: Das Beispiel Steinfurt

Die Biogasanlage im münsterländischen Steinfurt-Hollich wird von 40 Landwirten aus dem Umkreis der Anlage beliefert. Täglich wird die Anlage mit rund 50 t Maissilage, Mist-Gülle und Grasplanzensilage gefüttert. Die Landwirte nehmen die Gärreste zurück und setzen diese als wertvollen Dünger ein. Direkt an der Biogasanlage steht ein Blockheizkraftwerk (BHKW) bereit, das Strom- und Wärme erzeugt. Das Biogas kann aber auch über eine eigens dafür verlegte Biogasleitung in das 3,3 km entfernte Stadtgebiet geleitet werden. Dort nutzt ein weiteres BHKW das Biogas und beheizt ein Gebäude bzw. speist ins Nahwärmenetz.

Direkteinspeisung von aufbereitetem Biogas: Das Beispiel Straelen

Seit Dezember 2009 speist eine Biogasanlage der Stadtwerke Aachen (STAWAG) aufbereitetes Biogas direkt in das bestehende Erdgasnetz. Die STAWAG bereitet in Straelen am Niederrhein Biogas aus einer dortigen Biogasanlage auf Erdgasqualität auf und nutzt das eingespeiste Biogas dann im Stadtgebiet in ihren BHKWs. Sie dienen rund 5.200 Haushalten zu einer kostengünstigen Strom- und Wärmeversorgung.

Biogas als Kraftstoff: Das Beispiel Jameln/Wendland

Rund 70.000 Erdgasfahrzeuge in Deutschland und weltweit ca. 5,7 Mio. sind potenzielle Abnehmer von Biogas als Biokraftstoff. Im Juni 2006 ging die erste Biogas-Tankstelle Deutschlands im wendländischen Jameln an den Start. In der Nähe einer bestehenden Tankstelle produziert eine Biogasanlage einer örtlichen Genossenschaft Strom und Wärme für das Strom- bzw. für ein Nahwärmenetz. Ein Teil wird als aufbereitetes Biogas an einer Biogas-Tankstelle für mit Erdgas betriebene Fahrzeuge angeboten. Es ist in Erdgasfahrzeugen voll kompatibel.

Sprit mit Kernwärme aus Biomasse und Kohle

Holzenergie – Vom Lagerfeuer zur Pelletheizung

Mit dem urzeitlichen Lagerfeuer beginnt die Geschichte der Holzenergie. Heute stehen deutlich effizientere Technologien zur Verfügung, um mit Holz Wärme und Strom zu erzeugen. Knapp 6 Prozent des deutschen Wärmeverbrauchs wurden 2007 durch Holzenergie gedeckt. Angesichts steigender Preise für fossile Energieträger bietet sich unerschlossenes Potenzial von Wald- und Restholz für die Wärmeerzeugung an.

Holz dient traditionell vor allem als Wärmelieferant – für Raumwärme, Warmwasser oder Prozesswärme in der industriellen Nutzung. Ein- und Mehrfamilienhäuser lassen sich heute sauber und effizient mit Holzpellet-Heizungen beheizen. Die moderne und vollautomatische Technologie der Pelletöfen sorgt dafür, dass der Ausstoß von Feinstaub und CO2 deutlich unter den gesetzlich festgelegten Grenzwerten liegt. Problematisch sind falsch gehandhabte ältere Scheitholzöfen und Kamine. Deswegen ist der Austausch alter Holzöfen durch moderne Holzheizungen (Pelletheizungen, Hackschnitzel-Heizungen, Scheitholzvergaser) der optimale Weg, sowohl Feinstaubemissionen zu reduzieren und Holz effizienter zu nutzen.

Mit größeren Holzheizkraftwerken können durch Kraft-Wärme-Kopplung gleichzeitig Strom und Wärme für Siedlungen und Stadtteile erzeugt werden. Eine weitere Technologie ist die Gewinnung von besonders energiereichem Holzgas. Dieses entsteht beim Erhitzen von Holz unter Luftabschluss. Die Nutzung in Blockheizkraftwerken bleibt aber mit technischen und wirtschaftlichen Risiken verbunden.

Biokraftstoffproduktion in Deutschland 2007

	Produktions-anlagen	Produktions-kapazität	Verbrauch in Deutschland	Tankstellennetz
Biodiesel	ca. 40 Raffinerien	4,8 Mio. t	3,1 Mio. t	ca. 1.900 für reinen Biodiesel (B100)
Pflanzenöl	ca. 600 dezentrale Ölmühlen		0,7 Mio. t	ca. 250
Bioethanol	5 Raffinerien	2007: 0,6 Mio. t	0,5 Mio. t	ca. 100 für reines Bioethanol (E85)

Quelle: UFOP/OFCE

Biokraftstoffe – Klimaschützer aus deutschem Anbau

Zu Land, zu Wasser und in der Luft: Biokraftstoffe können für den Antrieb von Verbrennungsmotoren in Autos, Lkw, Schiffen oder Flugzeugen eingesetzt werden. Biokraftstoffe sind neben erneuerbarer Elektromobilität unverzichtbar für energieeffiziente Verkehrsstrukturen der Zukunft – denn auch der sparsamste Motor muss betankt werden. Aus Kosten- und Klimagründen sind mittelfristig weder der Einsatz von Wasserstoff noch ein Zurück zum Erdöl realistisch.

Im Jahr 2007 deckten Biokraftstoffe rund 7% des deutschen Kraftstoffverbrauchs ab. Mit einem Jahresverbrauch von 3,1 Mio. Tonnen machte Biodiesel 2007 den Großteil des deutschen Biokraftstoffmarktes aus, während 0,7 Mio. Tonnen reines Pflanzenöl und 0,5 Mio. Tonnen Bioethanol abgesetzt wurden. Biogas kann uneingeschränkt als Kraftstoff in Erdgasautos eingesetzt werden. Synthetische Biokraftstoffe (Biomass to Liquid, BtL), die so genannte „Zweite Generation", sind noch in der Forschungs- bzw. Pilotphase und werden bisher nicht frei am Markt angeboten. Je nach Herkunft, Anbau- und Produktionsverfahren bieten Biokraftstoffe unterschiedliche Potenziale.

Impressum

Herausgeber:

Agentur für Erneuerbare Energien e.V.

Reinhardtstr. 18
10117 Berlin
www.unendlich-viel-energie.de
Tel: 030-200535-3
Fax: 030-200535-51
info@unendlich-viel-energie.de

Die Agentur für Erneuerbare Energien wird getragen von den Unternehmen und Verbänden der Erneuerbaren Energien und unterstützt durch die Bundesministerien für Umwelt und für Landwirtschaft. Sie betreibt die bundesweite Informationskampagne „deutschland hat unendlich viel energie", die unter der Schirmherrschaft von Prof. Dr. Klaus Töpfer steht.

Aufgabe ist es, über die Chancen und Vorteile einer nachhaltigen Energieversorgung auf Basis Erneuerbarer Energien aufzuklären – vom Klimaschutz über eine sichere Energieversorgung bis zu Arbeitsplätzen, wirtschaftlicher Entwicklung und Innovationen. Die Agentur für Erneuerbare Energien arbeitet partei- und gesellschaftsübergreifend.

Aktuelle Informationsangebote im Internet:
www.unendlich-viel-energie.de
www.kommunal-erneuerbar.de
www.kombikraftwerk.de

Fotos
S.5   Stock Exchange sxc
S.11   Stock Exchange sxc (9); Stock Expert (1)
S.13   dpa Picture-Alliance
S.15   Stock Exchange sxc
S.17   Stock Exchange sxc
S.21   Stock Exchange sxc
S.29   Stock Exchange sxc
S.30   Fachagentur Nachwachsende Rohstoffe (FNR; 2); WikiMedia (2)
S.31   Stock Exchange sxc

Grafiken, Illustrationen, Gestaltung
BBGK Berliner Botschaft
Druck: DMP-Druck Berlin

106

Energiegehalt von Biomasse

2.1.3.2 Basisdaten Biokraftstoff

**Biokraftstoffe
Basisdaten Deutschland**

Stand: Januar 2008

Ansprechpartner und Links

**Fachagentur Nachwachsende Rohstoffe e. V. (FNR)
Bioenergieberatung**
Hofplatz 1 · 18276 Gülzow
Tel.: 03843 / 6930-199 · Fax: 03843 / 6930-102
www.bio-energie.de · www.bio-kraftstoffe.info
www.btl-plattform.de · info@bio-energie.de

Arbeitsgemeinschaft Qualitätsmanagement Biodiesel e.V. (AGQM)
www.agqm-biodiesel.de · info@agqm-biodiesel.de

Beratung zu Biokraftstoffen in der Landwirtschaft
www.biokraftstoff-portal.de

Landwirtschaftliche Biokraftstoffe e.V. (LAB)
www.lab-biokraftstoffe.de · mail@lab-biokraftstoffe.de

Technologie- und Förderzentrum (TFZ)
www.tfz.bayern.de · poststelle@tfz.bayern.de

Union zur Förderung von Öl- und Proteinpflanzen (UFOP)
www.ufop.de · info@ufop.de

Verband der Deutschen Biokraftstoffindustrie e.V. (VDB)
www.biokraftstoffverband.de · info@biokraftstoffverband.de

Herausgeber:
Fachagentur Nachwachsende
Rohstoffe e. V. (FNR)
Hofplatz 1 · 18276 Gülzow
www.fnr.de · info@fnr.de

Gestaltung, Herstellung:
nova-Institut GmbH, Hürth
www.nova-institut.de/nr

Sprit mit Kernwärme aus Biomasse und Kohle

In Deutschland wurden im Jahr 2006 ca. 54 Mio. Tonnen Kraftstoff verbraucht. Neben Dieselkraftstoff mit 52 % und Ottokraftstoff mit 42% stieg der Anteil biogener Kraftstoffe auf 6,3%.

Primärkraftstoffverbrauch in Deutschland 2006
[in 1.000 Tonnen] Gesamtverbrauch: 54 Mio. t; Biokraftstoffanteil: 6,3%

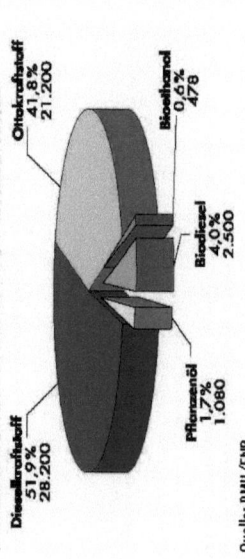

- Dieselkraftstoff 51,9% 28.200
- Ottokraftstoff 41,8% 21.200
- Bioethanol 0,6% 476
- Biodiesel 4,0% 2.500
- Pflanzenöl 1,7% 1.080

Quelle: BMU/FNR

Rohstoffe für Biokraftstoffe in Deutschland

	Pflanzenöl	Biodiesel	Biomethan	Bioethanol	DME	Wasserstoff	BtL
Raps	x	x			x	x	x
Sonnenblume	x	x			x	x	x
Getreide			x	x	x	x	x
Stroh			x	x	x	x	x
Mais			x	x	x	x	x
Kartoffeln			x	x	x	x	x
Zuckerrüben			x	x	x	x	x
Waldholz					x	x	x
sonst. Biomasse			x		x	x	x

DME = Dimetylether, BtL = Biomass-to-Liquid

Kraftstoffbedarf Deutschland bis 2025
[in Mio. Tonnen]

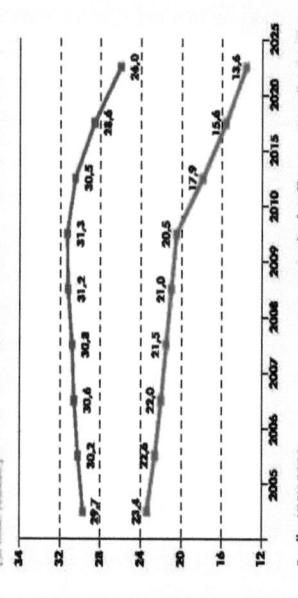

Quelle: MWV 2006 — Ottokraftstoffe —— Dieselkraftstoffe

Biokraftstofferträge pro Fläche in [ha]

Biokraftstoff	Rapsöl	Biodiesel (RME)	BtL	Bioethanol	Biomethan
Rohstoff	Rapssaat	Rapssaat	Energiepflanzen	Getreide	Silomais
Ertrag [t/ha x a]	3,4	3,4	15–20	6,6	45
Ölgehalt [%]	40–43	40–43	25–50[1]	–	–
erforderl. Biomasse [kg/l]	2,3	2,2	3,7	2,6	13[2]
Kraftstoffertrag [l/ha x a]	1.480	1.550	bis 4.030	2.560	3.540[3]
Diesel-/Ottokraftstoffäquivalent [l/ha x a]	1.420	1.410	bis 3.910	1.660	4.950

[1] Konversionsgrad [2] [kg/kg] [3] [kg/ha x a] 1 ha = 10.000 m²
Quelle: mea/FNR

Energiegehalt von Biomasse

▸ BIOMASS-TO-LIQUID (BtL) KRAFTSTOFFE

BtL steht für Biomass-to-Liquid und gehört wie GtL (Gas-to-liquid)- und CtL (Coal-to-liquid)-Kraftstoffe zu den synthetischen Kraftstoffen, deren Bestandteile genau auf die Anforderungen moderner Motorenkonzepte zugeschnitten, also maßgeschneidert werden.

Für die Herstellung von BtL-Kraftstoffen können verschiedenste Biorohstoffe genutzt werden. Die Palette erstreckt sich von ohnehin anfallenden Reststoffen wie Stroh und Restholz auch auf Energiepflanzen, die eigens für die Kraftstofferzeugung angebaut und vollständig verwertet werden.

Verfahrensschema BtL-Herstellung

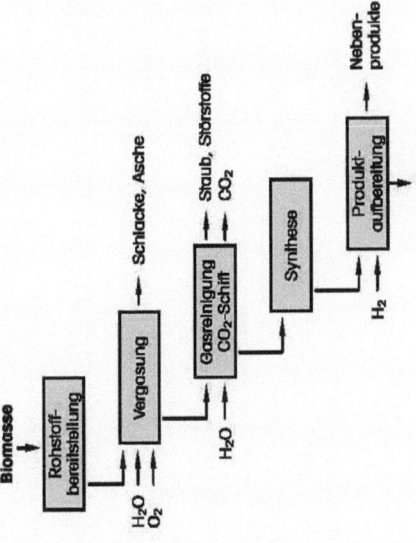

Entwicklung Biodiesel Deutschland
(in 1.000 Tonnen)

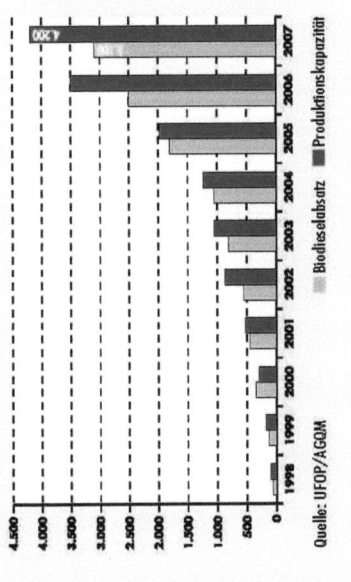

Quelle: UFOP/AGQM

Verteilung Biodieselabsatz 2006
(in 1.000 Tonnen | Gesamt: 2,5 Mio. Tonnen)

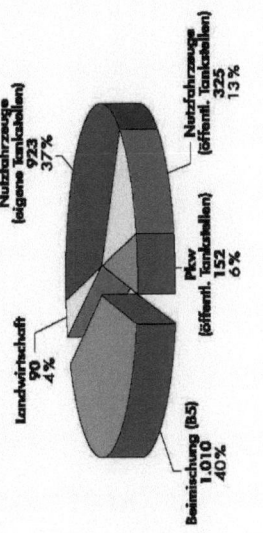

Quelle: AGQM/Ufop

Sprit mit Kernwärme aus Biomasse und Kohle

▶ PFLANZENÖL

Eigenschaften verschiedener Pflanzenöle

Pflanzenöl	Dichte (15° C) [kg/dm³]	Heizwert MJ/kg	kin. Viskosität (20° C) [mm²/s]	Cetanzahl	Stockpunkt [°C]	Flammpunkt [°C]	Jodzahl
Rapsöl	0,92	37,6	72,3	40	0 bis -15	317	94 bis 113
Sonnenblumenöl	0,93	37,1	68,9	36	-16 bis -18	316	118 bis 144
Sojaöl	0,93	37,1	63,5	39	-8 bis -18	350	114 bis 138
Leinöl	0,93	37,0	51,0	52	-18 bis -27	-	169 bis 192
Olivenöl	0,92	37,8	83,8	37	-5 bis -9	-	76 bis 90
Baumwollsaatöl	0,93	36,8	89,4	41	-6 bis -14	320	90 bis 117
Jatrophaöl	0,91	40,7	71,0	51	2 bis -3	240	103
Kokosöl	0,87	35,3	21,7*	-	14 bis 25	-	7 bis 10
Palmöl	0,92	37,0	29,4*	42	27 bis 43	267	34 bis 61
Palmkernöl	-	35,5	21,5*	-	20 bis 24	-	14 bis 22

Quelle: FNR   *kinematische Viskosität bei 50° C

▶ BIOETHANOL

Rohstofferträge zur Herstellung von Bioethanol

Rohstoffe	Ertrag (FM) [t/ha]	Kraftstoffertrag [l/ha]	Heizwert MJ/kg	erforderliche Biomasse pro Liter Kraftstoff [kg/l]
Körnermais	9,2	3.520	37,6	2,6
Weizen	7,2	2.760	37,1	2,6
Roggen	4,9	2.030	37,1	2,4
Triticale	5,6	2.230	37,0	2,5
Kartoffel	43,0	3.550	37,8	12,1
Zuckerrüben	58,0	6.240	36,8	9,3
Zuckerrohr	73,8	6.460	40,7	11,4

Quelle: Bioethanol in Deutschland, Hrsg. M. Schmitz/FNR   FM = Frischmasse

Entwicklung Bioethanol Deutschland

	2004	2005	2006
Absatz in t	65.000	226.000	478.000
erf. Biomasse Getreide in t	212.550	789.000	1.563.000

Alkoholische Gärung:

$$C_6H_{12}O_6 \longrightarrow 2\,C_2H_5OH + 2\,CO_2$$
(Glucose)   (Ethanol)   (Kohlendioxid)

Energiegehalt von Biomasse

▶ BIOMETHAN

Für die Nutzung von Bio-Methan als Kraftstoff, ist seine Aufbereitung auf Erdgasqualität erforderlich. In Deutschland fahren etwa 55.000 Erdgasfahrzeuge. Die Anzahl der Erdgastankstellen in Deutschland wird von derzeit 750 auf 1.000 Tankstellen bis zum Jahr 2007 erweitert.

Rohstofferträge z. Herstellung von Biomethan

Rohstoff-ertrag [t/ha] FM	Biogas-ausbeute [m³/t]	Methan-gehalt [%]	Methanausbeute	
			[m³/ha]	[kg/ha]
ca. 45*	ca. 202*	54	4.910	3.535

Quelle: FNR/KTBL   *auf Basis von Silomais; FM = Frischmasse
Dichte Biomethan: 0,72 [kg/m³]

Preisspanne für biogene Kraftstoffe [€/l]

Biomethan*	0,80 – 0,90
Bioethanol (E85)	0,85 – 1,00
Biodiesel	0,80 – 1,05
Pflanzenöl (Rapsöl)	0,60 – 0,80
Preis	0,60 0,70 0,80 0,90 1,00

Quelle: FNR 2007   *€/kg

▶ KRAFTSTOFFVERGLEICH

Eigenschaften von Biokraftstoffen

	Dichte [kg/l]	Heizwert [MJ/kg]	Heizwert [MJ/l]	Viskosität bei 20°C [mm²/s]	Cetan-zahl	Oktan-zahl (ROZ)	Flamm-punkt [°C]	Kraftstoff-äquivalenz [l]
Dieselkraftstoff	0,83	43,1	35,87	5,0	50	-	80	1
Rapsöl	0,92	37,6	34,59	74,0	40	-	317	0,96
Biodiesel	0,88	37,1	32,65	7,5	56	-	120	0,91
Biomass-to-Liquid (BtL)[1]	0,76	43,9	33,45	4,0	>70	-	88	0,97
Ottokraftstoff	0,74	43,9	32,48	0,6	-	92	<21	1
Bioethanol	0,79	26,7	21,06	1,5	8	>100	<21	0,65
Etyl-Tertiär-Butyl-Ether (ETBE)	0,74	36,4	26,93	1,5	-	102	<22	0,83
Biomethanol	0,79	19,7	15,56	-	3	>110	-	0,48
Methyl-Tertiär-Butyl-Ether (MTBE)	0,74	35,0	25,90	0,7	-	102	-28	0,80
Dimetylether (DME)	0,67[2]	28,4	19,03[3]	-	60	-	-	0,59
Biomethan	0,72[5]	50,0	36,00[3]	-	-	130	-	1,4[4]
Wasserstoff GH2	0,016	120,0	1,92	-	-	<88	-	2,8

[1] Werte auf Grundlage von FT-Kraftstoffen, [2] bei 20° C, [3] [MJ/m³], [4] Biomethan in [kg], [5] [kg/m³]   Quelle: FNR

Sprit mit Kernwärme aus Biomasse und Kohle

Politische Rahmenbedingungen für biogene Kraftstoffe

In der Richtlinie 2003/30/EG des Europäischen Parlaments und des Rates vom 8. Mai 2003 zur Förderung der Verwendung von Biokraftstoffen oder anderen erneuerbaren Kraftstoffen im Verkehrssektor ist folgendes Ziel definiert:

- 5,75 % aller Otto- und Dieselkraftstoffe sollen bis zum 31. Dezember 2010 Biokraftstoffe sein*

Energiesteuergesetz (EnergieStG)

Jahr	Biodiesel	Pflanzenöl
	(Energiesteuer in Cent/l)	
Aug. 2006	9	0
2007	9	2,15
2008	15	10
2009	21	18
2010	27	26
2011	33	33
2012	45	45

Der Einsatz von Biokraftstoffen in der Landwirtschaft ist steuerbefreit.

Als besonders förderwürdig eingestufte Biokraftstoffe sind:

- Ethanolkraftstoffe mit einem Ethanolanteil von 70–90 % steuerbegünstigt, z. B. E85 (hinsichtlich des Ethanolanteils)
- BtL und Ethanol aus Zellulose bis 2015 steuerbefreit

*bezogen auf den Energiegehalt (RÖE)

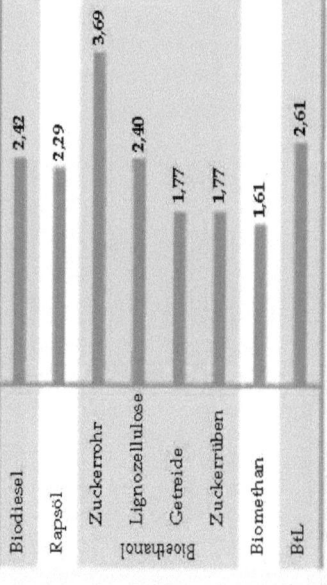

Quelle: meo/FNR

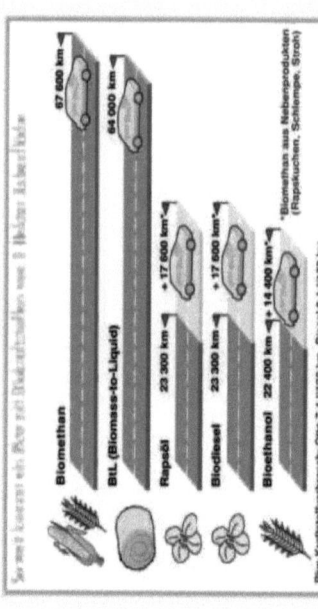

Quelle: FNR

Energiegehalt von Biomasse

Biokraftstoffquotengesetz (BioKraftQuG) ab 2007

Jahr	Quote Dieselkraftstoff	Quote Ottokraftstoff	Gesamtquote
2007	4,4 %	1,2 %	–
2008		2,0 %	–
2009		2,8 %	6,25 %
2010		3,6 %	6,75 %
2011			7,00 %
2012			7,25 %
2013			7,50 %
2014			7,75 %
2015	4,4 %	3,6 %	8,00 %

Für beigemischte und auf die Quote angerechnete Biokraftstoffe gibt es keine Steuerentlastung:

- Energiesteuer Dieselkraftstoff: 47,04 Cent/l
- Energiesteuer Ottokraftstoff: 65,45 Cent/l

Die Qualitäts-Norm für Dieselkraftstoff DIN EN 590 begrenzt die Zumischung von **Biodiesel**[1] **auf 5 %.**

Für Ottokraftstoffe ist laut DIN EN 228 die **Beimischung von bis zu 5 % Bioethanol**[2] **bzw. 15 % ETBE erlaubt.**

[1] Biodiesel/FAME nach DIN EN 14214
[2] unvergällt > 99 % (Bioethanol nach Entwurf DIN EN 15376)

Umrechnung von Energieeinheiten

	MJ	kcal	kWh	kg RÖE
1 MJ	1	238,80	0,28	0,024
1 kcal	0,00419	1	0,001163	0,0001
1 kWh	3,60	860	1	0,086
1 kg RÖE	41,87	10.000	11,63	1

Umrechnung von Einheiten

	m³	l	barrel
1 m³	1	1.000	6,3
1 l	0,001	1	0,0063
1 barrel	0,159	159	1

Vorsätze für Energieeinheiten

Vorsatz	Vorsatzzeichen	Faktor	Zahlwort
Nano	n	10^{-9}	Millardstel
Micro	µ	10^{-6}	Millionstel
Milli	m	10^{-3}	Tausendstel
Centi	c	10^{-2}	Hundertstel
Dezi	d	10^{-1}	Zehntel
Deka	Da	10	Zehn
Hekto	h	10^{2}	Hundert
Kilo	k	10^{3}	Tausend
Mega	M	10^{6}	Million
Giga	G	10^{9}	Milliarde
Tera	T	10^{12}	Billion
Peta	P	10^{15}	Billiarde
Exa	E	10^{18}	Trillion

Sprit mit Kernwärme aus Biomasse und Kohle

2.1.3.3   Quelle: DENA - Deutsche Energie-Agentur

Die folgende Tabelle zeigt, welcher Heizwert jeweils in den einzelnen Biomasse-Arten steckt: 4 kWh/kg bedeutet dabei, dass eine Heizenergie von 4 Kilowattstunden in jedem Kilogramm Brennstoff steckt. Dies entspricht etwa dem Heizwert, der in knapp einem Schnapsglas (= 0,04 l) voll Dieselkraftstoff steckt.

Heizwerte in Biomasse

Stroh	4	kWh/kg
Schilfarten	4	kWh/kg
Getreidepflanzen	4,2	kWh/kg
Holz	4,4	kWh/kg
Biogas	6,1	kWh/m³

zum Vergleich: Heizwerte in fossilen Energieträgern

Braunkohle	5,6	kWh/kg
Steinkohle	8,9	kWh/kg
Heizöl	11,7	kWh/kg
Erdgas	8,3	kWh/m³

Aus der Tabelle ist ablesbar, dass fossile Energieträger einen höheren Heizwert besitzen; zum Teil liegt er zwei bis dreimal so hoch wie bei Biomasse. Das heißt, um die gleiche Menge an Energie freizusetzen, wird beim Heizen mit Biomasse bis zu dreimal so viel Heizmaterial benötigt. In fossilen Energieträgern ist aber ein erheblich größerer Teil Kohlendioxid (CO_2) gebunden, das beim Verbrennen freigesetzt wird und zur Verstärkung des Treibhauseffekts beiträgt. Daher ist die Verwendung von Biomasse zur Sprit-Hydrierung

Energiegehalt von Biomasse

wesentlich günstiger – auch wenn man die Klima-Schädlichkeit von CO_2 als vernachlässigbar ansieht.

Vergleicht man die Energiespeicherfähigkeit von Heizöl (= Diesel-Kraftstoff) mit der von Elektrobatterien, so ist sie sogar 50 mal grösser, denn ein Kilo Batterie kann gerade einmal 0,2 kWh speichern

2.1.3.4 Quelle: Gesamtverband Deutscher Holzhandel e.V.

Am Weidendamm 1 A · 10117 Berlin

Telefax: 030 / 7262 588 8

E-Mail: info@gdholz.de

Erster Vorsitzender Martin Geiger Aschaffenburg

Bild 2-1 zeigt, dass die **Rohdichten**, in der Praxis auch als spezifische Gewichte bezeichnet, vom jeweiligen Wassergehalt des Holzes abhängig sind. Von den hier aufgeführten Hölzern haben Fichte und Tanne die geringste, Eiche die höchste Dichte.

	Rundholz waldfrisch (kg/fm)	Schnittholz lufttrocken (kg/m3)
Fichte, entrindet	750- 850	480
Tanne, entrindet	800- 980	460
Kiefer, entrindet	750-880	520
Buche, mit Rinde	1.080-1.160	780
Eiche, mit Rinde	1.180-1.270	870

Bild 2-1: Spezifische. Gewichte bei verschiedenen Holzfeuchten

Diese Aufstellung hilft bei der Umrechnung von Holzmengen in Festmeter und Kubikmeter sowie Gewicht.

2.1.4 Energetische Nutzung von Biomasse

Verfahren zur Herstellung von Synthesegas, Wasserstoff, Methanol und flüssigen Brennstoffen

Dr.-Ing. Vojtěch Plzak , Zentrum für Sonnenenergie- und Wasserstoff-Forschung, Pfaffenwaldring 38/40, 7000 Stuttgart 80

Prof. Dr. Hartmut Wendt, Institut für Chemische Technologie der TH Darmstadt, Petersenstraße 20, 6100 Darmstadt.

Abstract

Die Verfahren zur Aufbesserung der Brennstoffeigenschaften von Biomasse orientieren sich weitgehend an der Vergasung oder Verflüssigung von Braunkohle. Die hydrierende Umsetzung der in der Biomasse vorliegenden Biopolymere (Cellulosen, Lignin und Lignocellulosen) erfordern vor dem hydrierenden Angriff den chemischen Abbau der komplexen Biopolymer-Matrix. Man unterscheidet pyrolytische Verfahren (350 bis 500°C, drucklos) von den unter Druck durchgeführten hydrolytischen, solvolytischen und extraktiven Verfahren. Die relativ hohen Investitionskosten der lysierenden Verfahren erfordern wegen der "Economy of scale" eine Mindestanlagengröße von mehreren hundert MW. Die Biomassevergasung und die darauf aufbauende Wasserstoff und Methanol-Erzeugung aus Biomasse sind vom Investitionsaufwand her gesehen auch für kleinere Anlagen geeignet. In nächster Zukunft dürfte sich die energetische Biomassenutzung allerdings auf die direkte Verbrennung in Biomasse-Heizkraftwerken bzw. die Vergasung und Verstromung des Gases in Brennstoffzellen beschränken.

2.1.5 Räumliche Verteilung, Herantransport

Wenn man vom Bedarf ausgeht, benötigt man für eine Milliarde Liter Treibstoff rund 100 Millionen Kilo Holz. Das entspricht 100.000 Tonnen Holz-Trockenmasse.

Das Viessmann-Beispiel 2.1.6 zeigt, dass man auf einem Hektar 10 Tonnen pro Jahr ernten kann. Damit benötigt man 10.000 Hektar für die Mrd. Liter Kraftstoff pro Jahr. Da ein Hektar eine Fläche von 100 mal 100 Meter beträgt, benötigt man für 100 Hektar einen Quadratkilometer. Hundert Quadratkilometer reichen also aus, um eine Milliarde Liter Holz-Treibstoff zu gewinnen. Es wird also eine Fläche von 100 km^2 benötigt, das sind 10 mal 10 km im Quadrat um jährlich die nötige Menge zu ernten.

Denkt man sich ein Hydrierwerk im Zentrum eines Wald-Gebietes, so dass es von den umliegenden Wäldern mit Rohstoff (Trockenholz) versorgt werden kann, so könnte man auch einen Kreis um das Werk ziehen, der etwa 12 km Durchmesser hat. Damit wäre die Entfernungen für den An-Transport des Holzes auf rund 6 km Wegstrecke anzusetzen.

In der Praxis werden die Verhältnisse nicht so optimal sein wie nach dieser theoretischen Berechnung. Wald besteht im Durchschnitt nur auf einem knappen Drittel unserer Bundesrepublik, deswegen müsste die Fläche dreimal so gross ein. Verkehrsadern und Höhenunterschiede, Berge und Flüsse durchziehen das Land. Städte, Dörfer Industrieregionen und Naturschutzgebiete lassen eine reine Kreis oder Rechteck-Struktur nicht zu.

Schliesslich sind auch Transportwege für die Fertig-Produkte Ethanol oder Mischprodukte (zum Beispiel E85) zu berücksichtigen, die eine Raffinerie-Nähe sinnvoll machen.

Sprit mit Kernwärme aus Biomasse und Kohle

Aber man geht nicht fehl, wenn man annimmt, dass die Transportwege für das Holz sich meistens im Rahmen von 10 bis 20 km halten werden.

Insgesamt zeigt sich daraus, dass eine dezentrale Verteilung solcher Werke nicht unrealistisch ist, weil man selbst für größere Tonnagen keine allzu großen Einzugsgebiete benötigt.

Zum Antransport des Holzes oder anderer Pflanzen stellen wir uns eine Lösung ähnlich der Rübenkampagne oder der Winzergenossenschaften vor. Bei diesen beiden Ernte-Verfahren gibt es einmal im Jahr eine intensive Transportleistung von den Anbau-Flächen zur Zuckerfabrik oder zur Kelterei. Seit Jahrhunderten haben die Landwirte hierzu optimale Strukturen entwickelt.

Stellt man diesen die aufwendige Errichtung und Unterhaltung von Pipelines durch ganze Kontinente gegenüber, so wird gleich klar, dass auch wirtschaftlich keine unüberwindlichen Hindernisse entgegenstehen können.

Eine genaue Durch- und Alternativrechnung ist uns bisher nicht bekannt geworden.

2.1.6 Pionier Viessmann

Die mittelständische Firma Viessmann in Allendorf pflanzt Holzfelder an, die pro Jahr und Hektar rund 5.000 Liter Heizöl-Äquivalent erbringen. (FAZ vom 21. Mai 2011 und Interview mit Herrn Hans-Moritz von Harling, verantwortlicher Viessmann- Manager)

Dabei wird folgende Rechnung zugrunde gelegt:

Bis zur ersten Erntemöglichkeit muss der Pappelwald ca. 3 Jahre wachsen. Dabei beträgt der Zuwachs an Trockenmasse im Durchschnitt pro Jahr 10 Tonnen. Das heißt, dass man nach drei Jahren 30 to Holz ernten kann. Diese

Pionier Viessmann

30 Tonnen haben in jeder Tonne einen Energiegehalt von rund 5 MWh (das entspricht 5 Kilowattstunden je Kilo Holz-Trockenmasse).

Die geernteten 30 Tonnen je Hektar bringen also einen Energie-Gehalt von rund 150 Mega-Watt-Stunden. Da sich dies nach drei Jahren ergibt, entfallen auf ein Jahr davon ein Drittel also 50 MWh oder 50.000 kWh.

Da man rund 10 Kilowattstunden aus einem Liter Autotreibstoff erzeugen kann, entspricht diese Menge rund 5.000 Litern Diesel oder Benzin.

Nun wird natürlich für die Umwandlung von Holz zu flüssigem Treibstoff noch Energie benötigt. Und nach dem bewährten Hydrierverfahren sind dies in der Regel 30 bis 50 Prozent des eingesetzten Rohstoffes, je nachdem ob man Steinkohle, Braunkohle oder eben Holz verwendet.

Würde man alleine auf das bei Viessmann geerntete Holz angewiesen sein, so müsste man von den 5.000 Litern rund 2.000 Liter für diese Energiezufuhr abzweigen. Damit wäre der Netto-Ausstoss noch immer rund 3.000 Liter.

Es kommt also darauf an, diese zugeführte Hydrierenergie zu minimieren. Wir schlagen dazu die Verwendung von Hochtemperatur vor, wie im Teil „Sprit" erläutert wird. Die Quellen für solche Hochtemperatur werden im Teil „Kern" untersucht.

2.1.7 RWE pflanzt Energiepappeln.

Im Februar 2009 berichtete die FAZ bereits über die Versuche des RWE mit Energie-Pappeln. Danach kann man auf unrentablem Ackerland durchaus lohnende Mengen an schnell wachsenden Bäumen ernten, um daraus Treibstoff zu hydrieren. Im Ergebnis kommt man auf ca. 4.000 Liter Heizöl je Hektar, ein ganz ähnlicher Wert wie bei Viessmann.

Die andernorts genannte Menge von nur 2.000 Liter Heizöl je Hektar dürfte auf dem Hydrierverlust beruhen. Dieser bewirkt ohne Energiezufuhr von aussen, dass ein Drittel bis zur Hälfte der eingesetzten Holzmenge zum Heizen des Prozesses verbraucht werden. Sie sind daher für die Spritgewinnung verloren.

Unser Vorschlag „BioKernSprit" geht einen anderen Weg, wie im zweiten und dritten Teil unserer Trilogie „Kern" und „Sprit" erläutert wird.

RWE pflanzt Energiepappeln.

13 Millionen Bäumchen zur Energiegewinnung

Die RWE kauft und pachtet unrentables Ackerland, um darauf Energiewälder zu pflanzen. Die vielen Stecklinge liefert eine spezialisierte Baumschule.

Von Lukas Weber

FRANKFURT, 22. Februar. Millimeter um Millimeter und in aller Stille wächst in Deutschland ein beachtlicher Beitrag zur künftigen Energieversorgung heran. Stromkonzerne, Heizungsbauer und experimentierfreudige Landwirte pflanzen dichtstehende und schnellwachsende Bäume auf Flächen, die für andere Verwendungen nicht recht geeignet sind. Das Holz dieser sogenannten Kurzumtriebsplantagen wird regelmäßig geerntet und als Hackschnitzel oder Pellets verheizt, die Energieausbeute ist beträchtlich.

Dafür wird eine große Menge Nachwuchsbäumchen gebraucht. „In diesem Jahr liefern wir fast 13 Millionen Stecklinge, das ist etwa die Hälfte des Gesamtmarktes", sagt Dirk Landgraf, der für die Energiebäume zuständige Geschäftsführer der P&P Dienstleistungs GmbH & Co. KG. Die traditionsreiche Neuhäuseler Forstbaumschule – sie wurde 1821 gegründet – beschäftigt sich seit drei Jahren verstärkt mit schnellwachsenden Baumarten, je nach Standort vor allem Pappel, Weide und Robinie. Die Weide wird in Schweden bevorzugt, sie komme auch mit kürzeren Tagen zurecht, erklärt Landgraf. In Deutschland ist die Pappel erste Wahl. Die Pappel-Stecklinge, das Stück zu rund 20 Cent, sind 20 Zentimeter lange und 8 Millimeter starke Stücke von Trieben aus dem einjährigen Aufwuchs in der Mutterkultur, die erst im Boden Wurzeln ziehen. P&P liefert aber auch bewurzelte Stecklinge und 7 Meter lange Stangen. Je Hektar werden bis zu 10 000 Stück gepflanzt, alle drei bis fünf Jahre wird geerntet, dann sind die Bäume etwa sechs Meter hoch. Nach den bisher vorliegenden Erfahrungen ist mit einer durchschnittlichen Ernte von 8 bis 12 Tonnen Trockenmasse Holz je Hektar und Jahr zu rechnen; 10 Tonnen entsprechen rund 4000 Liter Heizöl.

Was sich einfach anhört, erfordert freilich eine Menge Fachwissen. Das Unternehmen, das mit fünf Standorten und Außendienstmitarbeitern nach eigenen Angaben als einzige Forstbaumschule deutschlandweit tätig ist, bietet deshalb auch sämtliche Dienstleistungen von der Planung über die Bodenvorbereitung und die Anpflanzung (mit der Maschine können in einer Stunde 10 000 Stecklinge in den Boden geschossen werden) bis hin zur Ernte mit eigenem Gerät an.

Bisher größtes Projekt von P&P waren 120 Hektar (das entspricht etwa 150 Fußballfeldern) für den Heizungshersteller Viessmann rund um dessen Firmensitz Allendorf. Das ist im Vergleich mit dem jüngsten Projekt nicht mehr als ein Versuchsbetrieb, denn in diesem Jahr startet P&P die Bepflanzung von Kurzumtriebsplantagen in großem Stil für die RWE Innogy Cogen GmbH, eine Tochtergesellschaft des RWE-Konzerns. 1000 Hektar sind in Planung, dafür wird die Hälfte der Jahresproduktion von P&P verwendet. Bis Ende 2011 sollen es 10 000 Hektar werden, auf denen 75 Millionen Bäumchen stehen. „Wir gehen davon aus, dass wir die 1000 Hektar für die erste Pflanzperiode 2009 erreichen werden", sagt Stephan Lohr, Geschäftsführer der RWE Innogy. Die Flächen lägen vor allem in Hessen, Nordrhein-Westfalen und den östlichen Bundesländern. Bei der Beschaffung hilft P&P. „Wir suchen für die RWE deutschlandweit Flächen", sagt Landgraf.

Sie werden entweder gekauft oder für 20 Jahre gepachtet. Der Landwirt kann auch in eigener Regie das Energieholz anbauen. Die Hackschnitzel sollen auf möglichst kurzen Wegen in die Öfen. „Ein Biomasse-Heizkraftwerk ist derzeit im Kreis Siegen-Wittgenstein im Bau", sagt Lohr. RWE will bis zum Jahr 2020 in Deutschland zehn solcher Anlagen stehen haben, die aber nicht nur mit Holz aus Plantagen befeuert werden, sondern auch forstwirtschaftliche Resthölzer nutzen.

Die Diskussion um Tank oder Teller mache er gar nicht erst mit, erklärt Landgraf. „Wir wollen an Standorte, die sich nicht für die Produktion von Nahrungsmitteln eignen." Davon gibt es nach seiner Ansicht reichlich, denn wenn die Plantagen einmal angelegt sind, wachsen die Bäume einige Jahre vor sich hin, ohne Pflege zu brauchen. Das ist ideal für abseits gelegene Flächen, die der Bauer sonst kaum nutzen kann. In Frage kommen auch Böden, die für die Landwirtschaft inzwischen oft zu trocken geworden sind, etwa in Brandenburg, wenn man sie mit Robinie bepflanzt. Ertragsschwaches Grünland umzuwidmen wäre vielleicht auch klug, nach europäischem Recht ist das allerdings nur eingeschränkt möglich. Immerhin dürfen bis zu 50 Bäume je Hektar angepflanzt werden, so dass

Sprit mit Kernwärme aus Biomasse und Kohle

Im Westerwald lässt der Stromkonzern RWE Millionen von Pappeln züchten. Foto ddp

es vielerorts eine gemischte Bewirtschaftung geben könnte.

Überhaupt ist die Rechtslage schwierig und je nach Bundesland unterschiedlich. Meist dürfen landwirtschaftliche Flächen mit Energieholz bestückt werden, wenn innerhalb von 20 Jahren geerntet wird. In der Forstwirtschaft ist der mit dem Kurzumtrieb verbundene Kahlschlag in Deutschland (im Gegensatz etwa zu den skandinavischen Ländern) nicht zulässig. Auf Windwurfflächen, Rückegassen oder als Vorwald sollte über Energiebäume nachgedacht werden, fordern Befürworter, schließlich hätten die Menschen in früheren Jahrhunderten ihr Brennholz auch aus dem Niederwald geholt. Global gibt es vor allem in Osteuropa noch riesige ungenutzte Flächen.

Den Bauern wird der Energiewald mit einer Reihe weiterer Argumente schmackhaft gemacht: Die Plantagen sind nicht nur relativ unempfindlich gegen Wassermangel, sondern auch gegen Schädlingsbefall. Wenn die Holzpreise gerade niedrig sind, könne man die Ernte hinausschieben, erklärt Landgraf, außerdem gebe es erheblich mehr Tierarten als auf landwirtschaftlichen Kulturflächen. Den Rhythmus von Wachstumsphase und Ernte könne man viele Jahre beibehalten, das wiederholte Abschneiden schadet offenbar den Bäumen nicht. „Die älteste Plantage in Deutschland liefert seit 35 Jahren noch immer gleichbleibende Erträge", sagt Landgraf. Sie steht in Hann. Münden, dort gibt es seit dieser Zeit ein Institut für schnellwachsende Bäume.

Die Idee ist freilich wegen sinkender Preise für fossile Energien zwischenzeitlich untergegangen. Immerhin wurde Erfahrung mit Pappelkulturen aus den siebziger Jahren herübergerettet. Die Absorption von Kohlendioxid liege jährlich zwischen 10 und 28 Tonnen je Hektar, rechnet P&P vor. Die ökologischen Vorteile werden von Umweltschützern bestätigt. In einer Ende vergangenen Jahres veröffentlichten Studie zur Energieholzproduktion kommt der Naturschutzbund Deutschland (Nabu) zu dem Schluss, die Holzplantagen seien aus Klima- und Umweltsicht „gegenüber herkömmlichen Bioenergieverfahren wie Rapsdiesel und Biogas aus Silomais im Vorteil". Auch aus der Sicht des Naturschutzes seien sie hochwertiger einzuschätzen als intensiv genutzte Ackerkulturen.

RWE pflanzt Energiepappeln.

2.2 Kosten, Nutzen Wirtschaftlichkeit

Als Vorstufe zu unserer Gesamt-Wirtschaftlichkeitsrechnung werden hier die Grunddaten aufbereitet.

Dabei gehen wir von einer Jahresproduktion von rund 1 Milliarde Liter Ethanol aus, die in einer Hydrieranlage hergestellt werden soll. Damit wird ein Äquivalent von etwa 700 Millionen Liter Diesel oder Benzin produziert. Diese Grösse ist keineswegs festgelegt, sondern dient nur der überschlägigen Berechnung. Optimale Fabrik-Grössen können zu anderen Jahres-Mengen führen.

Als Einsatzstoff soll Holz betrachtet werden, weil es hinsichtlich des Energiegehaltes typisch, überall bekannt und aus den anderen Aspekten wenig kritisch zu sehen ist. Wie in Abschnitt 2.1.3 zu ersehen, hat es Energiegehalte – je nach Zustand und Sorte - um 4,4 kWh je Kilo oder 4.400 kWh je Tonne. Das Endprodukt Ethanol hat einen Energiegehalt von – niedrig gerechnet - 6 kWh je Liter. 700 Millionen Liter haben danach einen Energiegehalt von 4,2 Milliarden kWh.

Rechnet man nur den Energiegehalt – ohne Verluste – so benötigt man für diese Menge 1.363.636 Tonnen Holz. Der Preis für Holz wird mit Euro 80 frei Hydrieranlage angesetzt, was heute üblichen Kosten entspricht. Damit kostet die benötigte Menge Holz knapp 110 Mio. Euro.

Die Kosten der weiteren Faktoren umfassen vor allem die Hydrierenergie, die wir mit 3 Mio. kWh Hochtemperatur beziffern, sowie Wasserstoff im Umfang von 5 Mio. Liter und die Abschreibung, Betriebskosten und das Personal für die Fabrik. Diese Berechnung ist Gegenstand des dritten Teils unserer Trilogie „Sprit".

2.3 Energieversorgung: zentral oder dezentral

Zweifellos ist die Frage nach der Verteilung von Energie als grundlegend und lebenswichtig für Wirtschaft und Gesellschaft anzusehen. In Deutschland haben sich in den letzten 150 Jahren unter aller Staatsformen und Regierungen die Oligopole aus ganz wenigen Strom- und Gas-Erzeugern und -Verteilern gebildet.

Vor allem Ende des 20 Jahrhunderts schlossen sich viele frühere Erzeuger zu den wenigen ganz Grossen (E.ON, RWE, EnBW und Vattenfall) zusammen. Viele Stadtwerke und Regionalversorger gaben ihre Selbständigkeit auf und wurden in die Konzerne aufgenommen. Nach der Wiedervereinigung wurde im Osten der Skandinavische Konzern zum Sammelpunkt vieler dortiger Versorger. Im Südwesten hat der grosse französische Konzern EdF mit EnBW einen bedeutendes Versorgungsgebiet unter Vertrag.

Unter dem Einfluß der EU und politischer Veränderungen mehren sich seit 2010 die Fälle, wo es wieder zu einer **teilweisen Dezentralisierung** kommt. Stadtwerke lösen sich wieder aus den Konzernen und schliessen sich zu regionalen Verbünden zusammen. Die Netze werden verselbständigt.

Seit dem Atomausstieg 2011 wird dieser Trend verstärkt, weil die erneuerbaren Energiequellen schon aus sich heraus eine stärkere Verteilung der Erzeuger mit sich bringt. Hinzu kommt, dass mit der Entwicklung von „smart grid" Techniken auch die Netze schon in dieser Richtung angepasst werden.

Da ist es interessant, die Argumente zu wägen, die schon vor 80 Jahren in Berlin aufkamen, aber – vor allem durch den damaligen Einbruch des Nazismus – nie realisiert wurden.

2.3.1 Neue Versorgungstechnik

In diesem Abschnitt geben wir eine Schrift wieder, die vor fast 100 Jahren schon in Berlin verfasst wurde. Sie zeigt wichtige Aspekte für dezentrales Wohnen auf. Auch wenn heute vieles in Technik und Wirtschaft anders ist als damals, so bleiben die Grundgedanken auch heute bedenkenswert.

Der Schlüssel für Stadtauflockerung, Kurzschichtsiedlung und ländliche Siedlung

von Dipl.-Ing. FRANZ FERRARI, Berlin
Im Februar 1933, im Selbstverlag des Verfassers

Unter Abkehr von dem System der zentralen Versorgungen ist die neuzeitliche Technik imstande, Wohnkomplexe, aus Mietshäusern, Reihenhäusern oder Einzelhäusern bestehend, sowie ländliche Siedlungen selbständig billiger und vollkommener als bisher zu versorgen. Der Standort ist dann nur noch durch Wasservorkommen oder dessen Nähe vorgeschrieben, womit billiges Land „baureif" ist. Für Kochen, Heizen und Spülen wird Dampf und für Licht und Kraft Elektrizität aus einer Universal-Blockstation geliefert, der zugleich die Wasserförderung und die Abwässerbeseitigung angeschlossen sind. Den Zubringerverkehr zu Schnellbahnstationen übernehmen gleislose Elektrofahrzeuge, die ebenfalls von der Universal-Blockstation aus gespeist werden. Diese neue Versorgungstechnik beseitigt die Knappheit an „baureifem" Gelände, so dass sich die Bodenspekulation in Wohngebieten nicht mehr wie bisher betätigen kann. Die Universal-Blockstation ermöglicht die weit aufgelockerte Bebauung der Umgebung der Großstädte, die Verwirklichung der Kurzschicht-Siedlung auf billigem Boden und eine wirtschaftliche Versorgung der ländlichen Siedlung. Die Befreiung neuer Wohngebiete von Bodenmehrwerten, wie sie sich bisher aus der Knappheit baureifen Geländes ergaben, drückt auf die übrigen Bodenpreise und bleibt nicht ohne Rückwirkungen auf die übersteigerten Bodenwerte der Innenstadt.

1. Die Neubautätigkeit am Rande der Großstädte hat zu teure Wohnungen ergeben; der Plan, mit dem „wachsenden Haus" die Großstädter auszusiedeln, ist in seinen Anfängen steckengeblieben; die vorstädtische Kleinsiedlung beansprucht große Opfer von der öffentlichen Hand; die Kurzschicht-Siedlung steht vor unüberwindlichen Hindernissen; die ländliche Siedlung leidet unter der Schwierigkeit, dass sie entweder schlecht versorgt ist oder dass die Versorgung untragbar teuer wird.

2. Man hat schon die verschiedensten Gründe für alle diese enttäuschenden Erkenntnisse der neueren Zeit angegeben. Übersehen wurde jedoch — insbesondere in Bezug auf die Großstadt-Auflockerung — der ganz entscheidende Einfluss des Versorgungs-Problems, das aufs engste mit der Bodenfrage verknüpft ist.

3. Im Städtebau und in der Siedlung ist die Technik im Laufe der Entwicklung immer nur nachträglich eingesetzt worden. Ein typisches Beispiel bildet die elektrische Straßenbahn. Ihr Erscheinen hätte schon vor 40 Jahren vor der mit der Industrialisierung verbundenen Zusammenballung der Menschenmassen bewahren und zu einem lockeren Ausbau der Städte führen können, wenn man seinerzeit die Möglichkeiten des beschleunigten Stadtverkehrs voll erfasst und ausgenutzt hätte.

4. Dem Wachstum und dem Bedarf nachfolgend wurden von der Technik die Aufgaben der Versorgung mit Wasser, Elektrizität, Gas, Kanalisation und Verkehr gelöst. Das heutige Gebilde der Groß-

Neue Versorgungstechnik

stadt erweist sich aber als wirtschaftlich, technisch und sozial unhaltbar. Die Reaktion offenbart sich in einem unbändigen Drang nach Auflockerung.

5. Das Kernproblem der Großstadt-Auflockerung ist die Bodenfrage. Die Überspannung der Bodenpreise am Stadtrand ist das Ergebnis der neuzeitlichen Bauordnungen und des Systems der zentralen Versorgungen. Das Herauswachsen der zentralen Versorgungen aus dem Stadtkern heraus erfolgte wegen der hohen Investierungen für die Ausläufer immer nur auf kurze Strecken. In jedem Stadium der Stadterweiterung war nur ein geringes Angebot an baureifem Gelände vorhanden. Die zentralen Versorgungen machten durch ihre Investitionen das anliegende Gelände hochwertig, „baureif". Der Grundstückskäufer war gezwungen, dem Bodenbesitzer jeden Preis zu bezahlen. Die zentralen Versorgungen hielten sich aber für ihre Investierungen an dem Käufer des Grundstücks schadlos, sobald er sein Bauvorhaben ausführte. Er musste anteilmäßig Anschlußgebühren als verlorenen Kostenbetrag entrichten.

6. Die neuzeitlichen Bauordnungen verlangten immer mehr Boden je Wohnung. Durch die Beschränkung der Bebauung auf einen kleinen Teil des Grundstücks (20 bis 60 %) und durch die Beschränkung der Zahl der Geschosse (2 bis 3) ist im äußeren Stadtgürtel für einen bestimmten Bedarf an Wohnungen bei unverändert knappem Angebot eine vervielfachte Nachfrage entstanden. Das Mißverhältnis drückt sich in den überhöhten Bodenpreisen aus, die um so schwerer zu tragen sind, als die einzelne Wohnung für mehr m^2 als bisher Bodenrente zu tragen hat.

7. Die **Anschlußgebühren** mussten naturgemäß ebenfalls steigen. Die Auflockerung führt die zentralen Versorgungen zwangläufig zu wesentlich höheren spezifischen Investierungen je Anschluss als in den horizontal und vertikal dichten Verbrauchsgebieten der Innenstadt. Wenn die Ökonomie der Glühlampen weiter verbessert wird, werden die Verhältnisse noch ungünstiger. Je weiter die Auflockerung fortschreitet, umso mehr verzetteln die zentralen Versorgungen ihre Mittel.

8. (8) Städtebau und Siedlung stehen heute vor ganz neuen Aufgaben. Aus dem Ergebnis der industriellen Rationalisierung, die absolut als Fortschritt zu werten ist, muss mit der Zeit die Konsequenz gezogen werden, dass der verringerte Arbeitsbedarf auf mehr Menschen mit geringerer Arbeitszeit zu verteilen ist. Im Zusammenhang damit muss die **Kurzschicht-Siedlung** kommen, damit der Industriearbeiter in seiner Freizeit für sich selbst arbeiten kann und krisenfester wird. Es handelt sich darum, die Großstadt-Bevölkerung in möglichst großem Umfang bodenständig zu machen, um soziale Spannungen zu beheben und ein gesundes Geschlecht zu erhalten. Die Kurzschicht-Siedlung wird vielfach verkannt. Auf Arbeitnehmerseite lehnt man die Kürzung der Arbeitszeit ab, auf Arbeitgeberseite befürchtet man die Erhöhung der festen Kosten für die größere Belegschaft und eine Beeinträchtigung der Produktion durch den Belegschaftswechsel. Die Opfer, die zu bringen sind, werden aber durch mancherlei Vorteile aufgewogen. Bei der Sechstage-Woche sind die Spesen für Fahrt, Verpflegung und dergleichen doppelt so hoch wie bei der Dreitage-Woche, Die heute Arbeitenden müssen den Unterhalt für die Feiernden mitverdienen. Es würde also eine doppelte Entlastung eintreten. Die Industrie dagegen darf eine

Neue Versorgungstechnik

erhöhte Kaufkraft und besseren Absatz erwarten. Abgesehen davon ergibt sich eine bisher unbekannte Elastizität des Produktions-Apparates. Wenn nämlich die Schichten täglich wechseln, so kann der Arbeitstag nach Bedarf verlängert werden, weil jedes Mal ein Ruhetag folgt. Ersparnisse, die der Arbeitnehmer durch derartige Mehrarbeit gewinnt, machen ihn neben der teilweisen Eigenversorgung ebenfalls krisenfester. Der Produktions-Apparat kann also unverzüglich der Marktlage folgen und optimal ausgenutzt werden. Ein hoher Reallohn wird dadurch sichergestellt. Es versteht sich von selbst, dass für die Zwecke der Kurzschicht-Siedlung auf keinen Fall das teure nach den bisherigen Begriffen „baureife" Gelände an den Auslegern der zentralen Versorgungen in Betracht gezogen werden kann, vielmehr muss b i l l i g e s Gelände bereitgestellt und für eine b i l l i g e Versorgung und gute Verkehrsverbindungen gesorgt werden. Für die neuen Aufgaben können nur neue Mittel zum Ziele führen. Der neue Weg besteht in der A b k e h r v o n d e m **System der zentralen Versorgungen. Jede andere Lösung würde Eingriffe in das Privateigentum, wie Enteignung oder andere unnatürliche Reglungen, wie etwa Verschleuderung von Gelände aus dem Besitz der öffentlichen Hand erfordern.**

9. Bei einer dezentralisierten Versorgung kann die Technik ihre Mittel planmäßiger als bisher in den Dienst der menschlichen Bedürfnisse stellen. In einer U n i -versal-Blockstation werden für einen **bestimmten Siedlungs-Komplex alle Versorgungen so zusammengefasst, dass eine viel vollkomm**enere und trotzdem billigere Be-

dürfnisbefriedigung erreicht wird. Dieser Fortschritt kommt auch der ländlichen Siedlung zugute.

10. Es darf vorausgesetzt werden, dass neuerdings Neubauten von Mietswohnungen und auch von Eigenheim-Siedlungen fast durchweg in kollektiver Bauweise entstehen, Mietshäuser werden in Komplexen von fünfzig bis zu mehreren tausend Wohnungen errichtet, Eigenheim-Siedlungen in Einheiten von fünfzig bis zu mehreren hundert.

11. Den Standort der Ansiedlung bestimmt die einzige einschränkende Beziehung, welche die Universal-Blockstation noch zum Boden hat, nämlich das Wasservorkommen, Im übrigen ist man völlig frei in der Wahl des Standortes. Bevor die Lösung der Verkehrsfrage behandelt wird, sollen zunächst die Einzelheiten der Universal-Blockstation erläutert werden.

12. Die Universal-Blockstation dient zur autarken Versorgung eines unveränderlichen Baukomplexes, Dieser kann aus Mietshäusern oder Einzelhäusern bestehen. Wegen der Zuleitungskosten und Uebertragungsverluste ist eine gedrängte Anordnung da zu bevorzugen, wo es auf billigste Ausführung ankommt. Wenn auch das Eigenheim auf eigener Scholle in jedem Falle anzustreben ist, so dürfte doch das Mietshaus vorerst seine Daseinsberechtigung beibehalten. Es kann ohne Beeinträchtigung der Hygiene in der freien Umgebung als vielstöckiges Hochhaus mit Balkons außerordentlich billig gebaut werden. Die Umgebung kann parzelliert und an die geeigneten Mieter verkauft oder verpachtet werden. Der Einbau von Personenaufzügen bedeutet in derartigen Häusern keine nennenswerte Mehrbelastung des Einzelnen.

Neue Versorgungstechnik

13. Bei der Anwendung der Reihenhaus- oder Einzelhaus- Bauweise kann auf die bisherige verschwenderische Bauart der Straßen verzichtet werden. Es genügen Einbahnstraßen leichter Bauweise, die für die Höchstbreite von Möbelwagen oder Feuerwehrfahrzeugen zu bemessen sind-

14. Man könnte die Universal-Blockstation in Einheitsgrößen für 200, 300, 500, 750, 1000, 1500 und 2000 Wohnungen normen und käme auf diesem Wege zu einer sehr billigen Herstellung. Ein besonderer Vorzug ist es auch, dass die Universal-Blockstation von vornherein eindeutig und endgültig ausgebaut wird. Ihr Versorgungsgebiet wird nicht erweitert, sondern jeder neue Komplex entsteht als Ganzes mit eigener Station. Im Gegensatz dazu müssen bei allen zentralen Versorgungen kostspielige Vorkehrungen für Erzeugung und Verteilung getroffen werden, damit man dem nicht zu übersehenden Bedarfszuwachs gerecht werden kann.

15. Die wichtigste Aufgabe der Universal-Blockstation ist die Lieferung von Dampf. Er dient zum Heizen und zum Kochen. Das bedeutet, dass an die Stelle unzähliger, unwirtschaftlicher Einzel-Feuerstellen eine Zentralkesselanlage tritt, die mit hohem Wirkungsgrad arbeitet. Die Wärmetechnik hat für die in Frage kommenden Größenordnungen sehr günstige Bauarten mit geringem Raumbedarf geschaffen und verfügt über die Möglichkeit der Speicherung. Diese ist für eine gute Ausnutzung der Anlage sehr wichtig.

16. Die Heranziehung des Dampfes auch zum Kochen hat gute Gründe. Gas und Elektrizität streiten sich zur Zeit um dieses Absatzfeld. Sie verteuern sich gegenseitig, indem jeweils die eine Energieform die

Rentabilität der anderen schmälert. Aus Kostengründen ist es aussichtslos, allgemein eine der beiden „veredelten" Energieformen für den Hauptwärmekonsum, d. h. die Raumheizung, einzusetzen. Bei den geringen Entfernungen, die eine Universal-Blockstation zu überbrücken hat, ist es daher angebracht, die ganze Wärmeversorgung für Winter und Sommer auf den viel billigeren Dampf einzustellen. Gas verschwindet damit ganz aus der Wohnung, womit ihre Hygiene verbessert wird und die Kosten der entsprechenden Installation entfallen.

17. Dampfkochherde bieten in der Herstellung keine Schwierigkeiten. Für Sonderzwecke, etwa Grillen u. dgl. können elektrische Zusatzheizungen in den Herd eingebaut oder elektrische Hilfsgeräte getrennt vorgesehen werden. Der Dampf bildet auch das ideale Mittel zum Spülen, ohne dass komplizierte Maschinen erforderlich werden. Nebenbei sei erwähnt, dass für die Bewohner des Komplexes, wie schon heute üblich, eine Gemeinschafts-Wäscherei eingerichtet werden kann.

18. Die Darbietung von Wärme in Form billigen Dampfes ist bequem und an Wirtschaftlichkeit den vergleichbaren Mitteln der heutigen Technik weit überlegen. Sie dürfte zu einem erhöhten Wärmeverbrauch führen, der z. T. in dem höheren Wirkungsgrad der Gewinnung wieder aufgewogen wird, im übrigen aber bei Anwendung von Wärmezählern nicht in Vergeudung ausarten kann. Im Vergleich zu Hausbrandlieferungen sind die Kohlen für die Universal-Blockstation naturgemäß billiger.

19. Eine namhafte Ersparnis bringt der völlige Verzicht auf Feuerstellen und Kamine für das Gebäude. Die Kamine sind spezifisch sehr

Neue Versorgungstechnik

teure Rohbauteile. Außerdem erfordern sie ständige Unterhaltungskosten,

20. Die Elektrizität ist unentbehrlich für Licht und Kleinkraft. Sie wird in der Universal-Blockstation durch einen Turbogenerator gewonnen. Im Winter, d. h, bei großem Dampfbedarf, kann der Betrieb so eingerichtet werden, dass der Strom als Abfallenergie mitgewonnen wird. Um einen wirtschaftlichen Betrieb sicherzustellen, ist der Einbau von Akkumulatoren zweckmäßig.

21. Das Wasser wird in der Universal-Blockstation durch eine Pumpe gefördert und nötigenfalls gereinigt. Unter Umständen muss auf einen sparsamen Haushalt Wert gelegt werden. Hierzu sei bemerkt, dass die Wasservergeudung in den Spülvorrichtungen der Aborte vermieden werden kann, indem mit Dampf oder mit Wasser hohen Druckes gespült wird. Da auch in der Küche wenig Wasser verbraucht wird (Spülen mit Dampf) bilden Badewasser und Waschwasser den Hauptbedarf. Sind die Wasserverhältnisse besonders ungünstig, so kann gegebenenfalls auch Regenwasser gesammelt und aufbereitet werden,

22. Die Abwässerbeseitigung kann durch eine an die Universal-Blockstation angeschlossene Pumpanlage mit längerer Ableitung zu einer abgelegenen Kleinkläranlage im Freigelände vorgenommen werden. In den Gartenanlagen können die aus ihr entnommenen Fäkalien nutzbringend verwertet werden, wodurch die kostspielige Dungbeschaffung entfällt. So wird der natürliche Nährstoff-Kreislauf geschlossen und es bleiben Millionenwerte des Naturhaushalts erhalten,

23. Bei den bisherigen zentralen Versorgungen waren die einzelnen Werke getrennt und es hatte jedes für sich entsprechende Verwal-

tungskosten, Bei der Universal-Blockstation lässt sich die Verwaltungsarbeit sehr vereinfachen und verbilligen. Der Wassermesser, der Elektrizitätszähler und der Wärmezähler arbeiten gemeinsam auf einen Mechanismus mit Münzeinwurf derart, dass man nach Münzeinwurf dem Betrag entsprechend Wasser, Dampf und Strom im beliebigen Verhältnis zueinander abnehmen kann. Die Abrechnung und der Hebedienst bestehen also für sämtliche Lieferungen nur noch darin, dass die Münzbehälter etwa monatlich geleert weiden,

24. Die Verkehrsfrage ist für die Reichweite der Stadtauflockerung und damit für die Größe des Bodenangebotes sehr entscheidend. Man kann zunächst, von den geringen Reisegeschwindigkeiten der Straßenbahnen und Autobusse ausgehend, feststellen, dass die Niveaulinien gleicher Fahrtdauer zum Stadtkern schon durch Schnellbahnen und Vorortbahnen ein großes Stück hinausgezogen worden sind. Wenige Minuten Fahrzeit in radialer Richtung erschließen ein sehr großes zusätzliches Gelände. Schlägt man nämlich um die Vorortbahnhöfe und Schnellbahn-Bahnhöfe als Mittelpunkt Kreise mit 5 bis 15 km Radius, d. h. Entfernungen, für die z. B. der von der Universal-Blockstation gespeiste elektrische Oberleitungsomnibus erfolgreich eingesetzt werden kann, so umfassen die Linien gleicher Fahrtdauer zum Stadtkern Riesenflächen. Die Stadtverkehrsnähe dieser Außengebiete wird gleichwertig der von Gelände, das, auf Straßenbahnverkehr allein angewiesen noch im engeren Weichbild der Stadt liegt.

25. Wenn man die Linien gleicher Großstadt-Bodenwerte betrachtet, so findet man sternförmige Gebilde vor, deren Spitzen durch die Ausfallinien des Verkehrs gebildet werden. Das große Gebiet zwischen den

Neue Versorgungstechnik

Spitzen ist von den zentralen Versorgungen vernachlässigt und deshalb billig. Es kann günstig durch die Anwendung der Universal-Blockstation der Bebauung zugeführt werden. Die Zubringerlinien führen dann zu den Haltestellen von Straßenbahnen oder zu den Stadtbahn- und Schnellbahnstationen. In diesen Gebieten wird auch das Privatauto mit gutem Nutzen angewandt werden können.

26. Durch den Einsatz der Universal-Blockstation ist gewissermaßen jegliches Gelände baureif. Da die Einrichtungen für die Versorgung gleichzeitig mit dem Bau der Wohnungen entstehen, entfällt der Schwebezustand zwisch**en Rohland und Ba**ureife, in dem sich die Bodenspekulation betätigen konnte. Das Angebot an Bauland wird im Vergleich zum Bedarf unendlich groß.

27. Hiermit sind also die Vorbedingungen für eine weitgehende Auflockerung der Städte geschaffen. Stadt und Siedlung können sich gesund und frei entfalten, das Land bleibt billig genug, so dass der Erwerb eines Grundstücks im Rahmen einer Versorgungsgemeinschaft den weitesten Bevölkerungskreisen möglich wird. Um die Großstadt herum entstehen billige Mietshäuser und Eigenheime, die einen ungewöhnlich hohen Komfort bei geringeren Miets- und Betriebskosten bieten und bequem zu erreichen sind. Der Wohnungsmarkt in der Innenstadt wird entlastet, so dass die Bodenpreise sinken und zu erwarten ist, dass die unwürdigen Mietskasernen aus der früheren Zeit bald für den Abbruch reif werden, um den Platz für andere Zwecke zu räumen. Die Großstadt wird von außen her saniert.

28. Man wird einwenden, dass die durch die billigen Außenwohnungen herbeigeführte Entwertung der bestehenden Wohnhäuser

unerwünscht sei. Ebenso wird gesagt werden, es gebe zur Zeit ausreichend Wohnungen. Beide Einwände sind nicht haltbar. Die leerstehenden Wohnungen sind keineswegs Beweis für genügende Befriedigung des Wohnbedürfnisses, vielmehr tritt ein sehr großer Teil des Bedarfs als solcher nicht in Erscheinung, weil sich weite Kreise der Bevölkerung mit Kellern, Lauben u. dgl. abfinden. Gesunde innerstädtische Wohnungen werden sicher bewohnt bleiben, allerdings nur unter entsprechender Senkung der Miete.

29. Wenn sich auch die Aussiedlung aus dem Innern der Großstadt nicht von heute auf morgen vollziehen wird, so muss sie doch als Ziel festgehalten werden, Sie ist nämlich nicht nur für die seelische und körperliche Gesundung der Großstadt-Bevölkerung notwendig, sondern auch zur technischen und wirtschaftlichen Sanierung der Großstadt selbst. Ihre Verengung bedingte enorme Kapitalfehlleitungen; Hunderte von Millionen mussten ohne entsprechende Rentabilität z. B. in Untergrundbahnbauten investiert werden.

30. Auf einen wichtigen Gesichtspunkt für die Auflockerung sei auch noch hingewiesen: In früheren Jahrhunderten erstrebten die Städtebauer die enge Bebauung, um im Kriegsfall für die Verteidigung ein festgeschlossenes Ganze zu erhalten. Die Flugwaffe des modernen Krieges zwingt aber heute und für die Zukunft zum Gegenteil. Die Wohngebiete der Zukunftstadt müssen möglichst weit auseinandergezogen und von Industriewerken und Fernbahnhöfen ferngehalten werden,

31. Es ist schon vorgeschlagen worden, bei der Auflockerung der Großstädte Industriebetriebe mittleren Umfangs mit hinauszuverlegen. Neben dem Luftschutz sind dagegen verschiedene Gründe ins

Neue Versorgungstechnik

Feld zu führen: Es besteht die Gefahr, dass die Luft verschlechtert und die Ruhe der Wohngegend gestört wird. Abgesehen davon wäre es unausbleiblich, dass eine sehr unwirtschaftliche Verzettelung des Güterverkehrs und der dann für den großen Bedarf unentbehrlichen zentralen Versorgungen eintreten würde.

32. Es ist zweifellos richtiger, die Industrie im äußeren Kern der Stadt zu belassen und für ihre Ausdehnung dort freiwerdendes Wohngelände zu verwenden. Dann hat die Industrie auch verkehrstechnisch die erwünschte breite Basis für die Auswahl ihrer Arbeitskräfte. Zugleich wird damit die Rentabilität der bestehenden zentralen Versorgungen — auch der Gaswerke — erhalten, Bei der Entlastung der Bodenwerte in der Innenstadt dürften sich mit der Zeit auch viele Baulücken durch neue Industriebauten schließen, womit ebenfalls die Ausnutzung der vorhandenen zentralen Versorgungen verbessert wird.

33. Auch für den V e r k e h r ist die Entlastung der Bodenwerte in der Innenstadt von Vorteil, denn der Boden wird für Straßendurchbrüche erschwinglich.

34. Der innere Kern der Zukunftstadt behält sein heutiges Gesicht. Er enthält Fernbahnhöfe, Museen, Theater und Vergnügungsstätten, Bürohäuser und Läden. In den neuen Wohnkomplexen erhalten die Bewohner ihren täglichen Bedarf durch ansässige Läden oder durch fahrende Läden. Kirchen, Schulen, Kinos, Behörden u, dgl. werden an den Brennpunkten der aufgelockerten Gebiete, d. h. an den Vorortbahnhöfen den besten Platz haben. Dort können auch gewisse Handwerkerbetriebe gedeihen,

35. Die Bedeutung der Universal-Blockstation für die ländliche Siedlung liegt darin, dass sie es ermöglicht, Dorfsiedlungen mit komfortabler und **wirtschaftlicher Versorgung zu versehen. Der Großstädter ist an den Ko**mfort gewöhnt. Bei der Rücksiedlung aufs Land muss dem Rechnung getragen werden. Als Standorte dürften Torfvorkommen und Wasserläufe bevorzugt werden. Unter diesem Gesichtspunkt erhalten Kanalb**auten eine erhöhte Bedeutung für die Kolonisation. Es ist auch ohne weiteres möglich, Villenkolonien für Pensionäre und Geistesarbeiter in landschaf**tlich schöner Gegend entstehen zu lassen.

36. Für die ländliche Siedlung ist es auch von hohem Wert, dass im Anschluss an die Universal-Blockstation Futterdämpfer, Warmbeetanlagen u. dgl. mit vorzüglicher Wirtschaftlichkeit betrieben werden können.

37. Es ist anzunehmen, dass die Universal-Blockstation überhaupt die Entscheidung für die Dorfsiedlung gegenüber der Streusiedlung herbeiführen wird, denn bei der Streusiedlung ist die Versorgung stets unvollkommen oder unerträglich teuer. Man muss in beiden Fällen befürchten, dass der Siedler in besseren Zeiten seine Stelle wieder aufgibt, um bequemer oder wieder sorgenfrei zu leben. Damit ist der Bestand der Reagrarisierung gefährdet.

38. Bei der Dorfsiedlung muss allerdings der Transportfrage besondere Aufmerksamkeit geschenkt werden. Haben 100 oder 200 Siedler je 30 bis 60 Morgen, so ist das bearbeitete Areal schon so groß, dass sich der Leerlauf langer Transportwege sehr nachteilig bemerkbar macht. Von der Universal-Blockstation aus sollte daher eine Oberlei-

Neue Versorgungstechnik

tungsanlage, etwa in weitem Kreise auf Feldwegen durch das Gelände geführt werden. Ein elektrischer Oberleitungsschlepper zieht als Anhänger kippbare Ackerwagen mit Luftbereifung, die sich bereits bewährt haben. Der Betrieb ist leistungsfähig genug, um einen raschen Güterumschlag und damit eine hohe Rentabilität dieser Fahrzeuge herbeizuführen. Zum Rangieren der Anhänger kann der Schlepper eine elektrisch angetriebene Seilwinde erhalten.

39. Um für den elektrischen Teil der Universal-Blockstation eine hohe Benutzungsdauer zu erhalten, muss danach getrachtet werden, die Mechanisierung im Haushalt und in der Landwirtschaft möglichst weit zu treiben. Zu diesem Zweck dient die Kleinkrafttransmission, In den Boden oder in die Wand wird eine erschütterungsfreie und geräuschlose mechanische Transmission verlegt, die von einem etwa in der Küche angeordneten zentralen Motor angetrieben wird und an verschiedenen Stellen mit Drehkraftdosen versehen ist. An diese kann eine biegsame Welle mit eingebauter, mehrstufiger Übersetzung angesetzt werden, so dass man in der Lage ist, die verschiedensten motorlosen Arbeitsgeräte in Bewegung zu setzen. Auf diese Weise ist die Mechanisierung von Geräten verwirklicht, die im Zusammenbau mit einem eigenen Motor bisher zu kostspielig waren, um allgemeiner verwandt zu werden.

40. Zu der Kostenfrage ist folgendes zu bemerken: In den Häusern bleiben unverändert die Kosten für die elektrische Installation, die Wasserleitungen und die Abflussrohre. Die Kosten der Dampfkochherde und der Heizkörper dürften den Kosten der bisher gebräuchlichen Apparate ebenfalls die Waage halten. Ein wenig teurer werden dagegen

die Dampfleitungen, verglichen mit denen der bisherigen Zentralheizungen,

41. Es fallen dagegen fort die Kessel der Zentralheizungen, die Gasinstallationen, die Kamine und Gasabzugkanäle.

42. Die Kosten der Kleinkrafttransmission, die naturgemäß keinen integrierenden Bestandteil der Universal-Blockstation darstellt, werden dadurch aufgewogen, dass die vielen nun zu betreibenden Arbeitsgeräte ohne Motor nicht mehr kosten als etwa in der Ausführung mit Handkurbel.

43. Für die Kosten der Universal-Blockstation und der Zuleitungen zu den Häusern ist das Vergleichsgegenstück die Summe der Kosten aller zentralen Versorgungen. Hierzu gehören;

44. die einmaligen Anschlußgebühren,

45. die Grundgebühren und „Zählermieten",

46. der Betrag, der in den Verbrauchsgebühren über die eigentlichen Erzeugungskosten hinausgeht.

47. Es sei davon abgesehen, nähere Angaben über die Beträge nach 2. und 3. hier zu machen, sondern nur bemerkt, dass allein die Ersparnisse an Bau- und Installationskosten in den Wohnungen und die Beträge für Anschlußgebühren zusammengenommen schon bei 200 bis 300 Abnehmern einen Betrag ergeben, der für die Errichtung einer entsprechenden Universal-Blockstation ausreicht.

48. Das Schwergewicht der Ersparnisse an festen Kosten ergibt sich naturgemäß aus dem niedrigen Bodenpreis.

Neue Versorgungstechnik

49. Die Betriebskosten der Universal-Blockstationen können durch die Zusammenfassung der Versorgungen sehr niedrig gehalten werden. Die Aufwendungen des einzelnen Haushalts werden trotz größeren „Komforts wesentlich geringer werden als bisher.

50. Man hat in den letzten Jahren häufig den Vorwurf gehört, die Ansprüche der Bevölkerung an die Wohnungen seien zu hoch geschraubt worden. Dazu ist zu bemerken, dass die hohen festen und beweglichen Kosten der Neubauwohnungen nicht etwa auf die eingebaute Badewanne, den Gasherd und die elektrische Installation zurückzuführen sind. Sie sind vielmehr durch die gestiegenen Anteile der Bodenrente an der Miete, die hohen Anschlußkosten und die Tarife der zentralen Versorgungen zustande gekommen. Insbesondere die Tarife haben mit der durch den technischen Fortschritt erzielten Verbilligung nicht Schritt gehalten, weil diese durch die immer weitergehende Verzettelung in der Verteilung immer wieder aufgehoben wurde. Bei der Rationalisierung der Erzeugung hat man z. B. in der Elektrizitätswirtschaft fast die letzten Möglichkeiten ausgeschöpft. Wer die weitere Zukunft vor sich sieht, muss zu dem Schluss kommen, dass die dezentralisierte Versorgung überhaupt nicht zu umgehen ist. Bei dieser ergeben sich durch geschickte Kombination ganz neue Möglichkeiten.

51. Die weite Auflockerung der Städte wird auf jeden Fall kommen. Sollte man versuchen, die Fessel der zentralen Versorgungen beizubehalten, so ist damit zu rechnen, dass immer größere Schichten der Bevölkerung auf ihren Gebrauch verzichten, weil er zu teuer wird. Laubenkolonien und Zeltstädte sind hierfür offenkundige Beweise. Die Technik muss eine derartige Entwicklung verhüten oder sie hat ihren

Zweck verfehlt. Man kann der Technik den Vorwurf nicht ersparen, dass sie in der Vergangenheit vielfach einseitige Ziele verfolgt und sich dabei zu sehr auf Spitzenleistungen eingestellt hat. Bei sinnvollerer und planmäßigerer Anwendung der heutigen Mittel der Technik kann ihr Segen in viel breiterem Umfange als bisher der Menschheit nutzbar gemacht werden.

52. Die zentralen Versorgungen hatten einst durchaus ihre Berechtigung. Mit der Änderung der Struktur der Großstadt — durch Trennung in Geschäftsbezirke, Industriebezirke und Wohnbezirke — haben sich die Voraussetzungen grundlegend geändert. Die elektrische Zentralstation z. B. gründete ihre Berechtigung gerade auf die Mannigfaltigkeit ihrer zusammenliegenden Abnehmer. Heute ist der abgelegene Wohnbezirk mit der ihm eigentümlichen Belastung kein guter Konsument der Mammut-Zentrale, es sei denn, dass durchweg elektrisch gekocht wird. Er wird besser getrennt behandelt, weil hierbei den besonderen und bekannten Verhältnissen leichter Rechnung getragen werden kann.

53. In diesem Zusammenhange möge auch auf die elektrische Hochspannungs-Kraftübertragung eingegangen werden. Ihre Aufgabe war ursprünglich, abgelegene Naturkräfte, die mechanisch nicht transportierbar oder nicht transportwürdig waren, auf elektrischem Wege nach Stätten intensiven Energieverbrauchs zu übertragen. Diese Aufgabe wird sie auch beibehalten, d. h. zur Versorgung von Industriezentralen dienen. Durchaus berechtigt ist auch die Kupplung großer Werke, um eine optimale Energiewirtschaft sicherzustellen. Großkraftwerke und Überlandzentralen dürften aber in Zukunft mit größerem Nutzen

Neue Versorgungstechnik

arbeiten, wenn sie ihren Absatz auf die Kerne der Städte und auf industriell durchsetzte Landbezirke konzentrieren.

54. Die dezentralisierte Versorgung ist schon mit den jetzt vorhandenen Mitteln der Technik wirtschaftlich überlegen. Darüber hinaus darf ebenso, wie die zentralen Versorgungen zu immer höherer technischer Vollkommenheit gebracht worden sind, damit gerechnet werden, dass die Technik auch bei der neuen Aufgabenstellung noch bedeutende Verbesserungen hervorbringen wird.

55. Die Krise ist eine Zeit der Besinnung, Man hat die Notwendigkeit eingesehen, die Technik in engere Beziehung zum Menschen zu bringen. Aus der stürmischen Entwicklung der Vergangenheit hat sich eine gewisse Verfeindung herausgebildet. Auch hier ist eine Umstellung vonnöten. Eine gesunde Technik muss jeder Mensch bejahen, Sie muss nicht nur ihre Aufgabe, den Menschen zu entlasten, erfüllen, sondern auch in möglichst engen Kontakt mit ihm treten. Unter diesem Gesichtspunkt bildet die Universal-Blockstation etwas Neues. Wird sie von einer Gemeinschaft in eigener Regie betrieben, so ist der Einzelne an der Schöpfung und dem Wirken der Technik ganzpersönlich interessiert. Es ist auch bemerkenswert, dass hierbei der spezifisch deutsche Begriff des Gemeinschafts-Eigentums, der einst in der Allmende verkörpert war, in einer modernen Form Gestalt erhält. Die Gemeinschaft zusammenwohnender Menschen erschließt auch neue Wege der Selbstverwaltung, Leerlauf und Fehlleitungen, wie sie heute bei der Zentralisierung z, B, auf dem Gebiete der Wohlfahrtspflege beklagt werden, können dabei wesentlich eingeschränkt werden.

Sprit mit Kernwärme aus Biomasse und Kohle

56. Die ideellen Zusammenhänge sind nicht nur für den Soziologen, sondern auch für den Techniker und Wirtschaftler wichtig. Willkürliche Spitzenbeanspruchungen sind z, B, für die zentralen Versorgungen betriebstechnisch und -wirtschaftlich eine ewige Sorge, Die dezentralisierte Anlage mit Eigentümer-Konsumenten hat den unschätzbaren Vorteil, dass gütliche Regelungen viel leichter erzielbar sind als bei dem unpersönlichen Verhältnis, das zwischen Konsument und Werk der zentralen Versorgung bestehen muss,

57. Die dezentralisierte Versorgung wäre sogar dann vorzuziehen, wenn sie für sich allein betrachtet teurer wäre als das bisherige System. Das wird jedem einleuchten, der die innige Verflechtung der bisher als unvermeidlich hingenommenen übersteigerten Bodenwerte mit der ganzen Wirtschaft kennt. Bilden sie doch einen entscheidenden Faktor fast aller festen Kosten. Eine Entlastung hiervon ist die Voraussetzung zur Senkung der Selbstkosten und zur Hebung der Kaufkraft, Erst wenn das erreicht ist, kann sich der Segen der Arbeit und der Fortschritt der Technik für den Wohlstand der Menschheit bemerkbar machen.

NACHWORT

Es ist in einer kämpferischen Zeit wie der heutigen ein Wagnis, mit Vorschlägen an die Öffentlichkeit zu treten, die Umwälzungen in Technik und Wirtschaft mit sich bringen können. Man läuft umso mehr Gefahr, zu den Utopisten oder zu den falschen Propheten gezählt zu werden, je tiefer die vorgetragenen Reformen in das Bestehende eingreifen und je mehr Wirtschaftsgruppen eine Beeinträchtigung von Sonderinteressen vor sich sehen.

Neue Versorgungstechnik

Schon Ende 1931 hatte ich die „ketzerischen" Überlegungen niedergeschrieben. Jetzt scheint mir die Zeit reif dafür zu sein, nachdem die Kurzschicht-Siedlung zur brennenden Tagesfrage geworden ist. Wenn ich nun auf diesem Wege die Vorschläge berufenen Persönlichkeiten vertraulich zur Kenntnis bringe, so verfolge ich damit den Zweck, eine private Erörterung herbeizuführen. Dabei bitte ich um eine sachliche Kritik, bei der allerdings das Ganze als Einheit unter dem Gesichtspunkt des Allgemeinwohls und der näheren und ferneren Zukunft beurteilt werden möge.

Es mag manches verfrüht erscheinen; solange aber kein ebenso vollständiger Vorschlag für die technische und wirtschaftliche Gesundung der Großstadt und der Siedlung entgegengehalten wird, halte ich daran fest, dass es nötig ist, schon jetzt auf weite Sicht zu handeln.

Wer macht mit?

Berlin-Marienfelde, Welterpfad 24 im Februar 1933

Erst-Druck: Franz Weber, Berlin W8

2.4 Ethische Fragen

Wenn es um die Nutzung von Biomasse für andere Zwecke als die Ernährung geht, kommen meist gegensätzliche Auffassungen zum Ausdruck. Noch viel mehr scheiden sich die Geister bei der Nutzung der Kernenergie. Manche münden auch die Frage nach der Gerechtigkeit bei der Verteilung von Lebensraum und Ressourcen.

Alle diese Fragen sind vielschichtig und Gegenstand intensiver Geistesarbeit und umfänglicher Diskussionen, denen wir hier kein Gegenstück bieten können. So sollen hier nur einige aktuelle Aspekte aufgezeigt werden.

Prof. Wolfgang Ockenfels zu grundsätzlichen Fragen zwischen Theologie und Energie
Dr. Helmut Böttiger zu Kernenergie-Themen
Der Autor zum Wettbewerb zwischen Nahrung und Bio-Energie
Obgleich diese Aspekte auch die anderen Teile unserer Trilogie betreffen, werden sie hier zusammengefasst.

2.4.1 Nahrungsmittel vs. Biostoffe

Da von verschiedenen Seiten immer wieder auf die „Konkurrenz" zwischen Tank und Teller hingewiesen wird, wurde die Fachagentur nachwachsende Rohstoffe um eine mindestens halboffizielle Stellungnahme zu dieser Situation gebeten. Anlass war das Bewerben von Biomasse-Kunststoffen für den Autobau. Dazu antwortet Frau Dr. Gabriele Peterek von der FNR am 7. Juli 2011:

„Dass viel zu viele Menschen auf der Welt hungern müssen, hat bestenfalls am Rande mit dem Einsatz von pflanzlichen Rohstoffen für Nicht-Lebensmittel zu tun.

Dennoch gibt es eine Konkurrenz-Situation bei der Nutzung von pflanzlichen Rohstoffen, wenn diese verstärkt für Nicht-Lebensmittel eingesetzt werden.

Prinzipiell müssen wir dieser Konkurrenzsituation mit einer vernünftigen Strategie zur Steuerung der Rohstoff-Ströme und -Verteilung begegnen.

Speziell für die Nutzung von nachwachsenden Rohstoffen zur Herstellung von Biokunststoffen kann ich Folgendes ergänzen: Die Strategie geht dahin, dass zukünftig für Lebens- und Futtermittel die dafür nutzbaren Pflanzenteile (z.B. das Getreidekorn, die Kartoffelknolle, der Maiskolben) eingesetzt werden, während die Reststoffe (z.B. Stroh, Blattmasse) in die technische Nutzung gehen, soweit Aspekte wie ausgeglichene Humusbilanzen etc. Berücksichtigung finden.

Noch steht die Aufarbeitung dieser Pflanzenteile zu technisch hochwertigen Rohstoffen am Anfang, aber ein Durchbruch, der auch eine wirtschaftliche Umsetzung erlaubt, ist absehbar.

2.4.2 Teufelszeug und andere Zutaten (W. Ockenfels)

In der Energiefrage bewegen wir uns scheinbar zunächst vordergründig in einem sehr materiellen Umfeld, das mit geistigen oder gar geistlichen Aspekten wenige Berührungspunkte zu haben scheint. Doch spüren alle, die praktisch Veranlagten ebenso wie urstämmige Geisteswissenschaftler und sogar Theologen, dass die Energie zunehmend zu einem existenziellen Element der Menschheit wird. Immer mehr erkennen wir, dass ohne - erschwingliche – Energie weder Lebensmittel, Rohstoffe noch Krankenversorgung, Verkehr, Kommunikation und viele andere Dienste geboten werden können, die wir heute selbstverständlich finden. Auch in den weniger entwickelten Teilen der Erde stellt sich dies immer stärker in den Vordergrund.

Deshalb geben wir hier einen Beitrag von Prof. Dr. Wolfgang Ockenfels von der Universität Trier mit seiner freundlichen Genehmigung wieder, der diese Aspekte auf den Punkt bringt:

Zum Wandel von Religion, Klima und Energietechnik.

Es soll Zeiten gegeben haben, da waren die Verheißung des Himmels und die Drohung mit der Hölle noch wirksame Anreize, durch ein tadelloses, tugendhaftes Leben vor Gott bestehen zu können – und auch vor den Mitmenschen und den späteren Generationen. Aber dieser Zusammenhang von Drohung und Verheissung funktioniert nicht mehr. Himmel und Hölle wurden als transzendente, biblisch bezeugte und kirchlich überlieferte Wirklichkeiten

Sprit mit Kernwärme aus Biomasse und Kohle

aus der Verkündigungssprache verbannt. Aber nur, um als innerweltliche Zustände wieder aufzutauchen und in die politisch-theologische Rhetorik einzuziehen. Der Entdogmatisierung des Christentums folgt die Dogmatisierung der Politik.

Im modernisierten religiösen Horizont scheint der Himmel des Glaubens leer, die Hölle wie ausgebrannt zu sein. Wann hat man zuletzt eine Predigt gehört, in der der Himmel, das endgültige Reich Gottes, hoffnungsvoll verkündet wurde? Und wer gar über Hölle und Teufel predigt, also über die Möglichkeit, das ewige Heil zu verfehlen, gilt als Drohbotschafter und Bangemacher. Es sei denn, er projiziert die Hölle auf eine geschichtliche Drohkulisse und beschwört Teufel, die als politisch-ökologische Gegner identifizierbar sind. Das gehört zum Repertoire einer Moderne, an die auch Teile der Kirche unbedingt „Anschluß" gewinnen wollen.

Die Selbstverweltlichung des christlichen Glaubens schreitet munter voran. Sodaß es einem prominenten katholischen Amtsinhaber kürzlich gefiel, die Kernenergie als „Teufelszeug" zu bezeichnen. Wenngleich sonst Teufel wie Engel in der Glaubensverkündigung ausgespielt haben. Wer nicht an Hölle und Teufel glaubt, wird stattdessen der grünen Ersatzreligion folgen und die Kernenergie als irdisches Höllenereignis und Teufelswerk gläubig befürchten. Heidenangst nennt man das.

„Modernisierung" als Begriffshure

Aber der Teufel liegt auch hier im Detail. Es mag ja gute Gründe für eine „Energiewende" geben. Die aber sollten mit vernünftigen Argumenten versehen sein, damit die Politik zu verantwortlichen Entscheidungen kommt. Und Prälaten überziehen ihren hochwürdigen Kredit, wenn sie sich irgendwelche technologischen Hypothesen aneignen, die sie mit ihren theologi-

Teufelszeug und andere Zutaten (W. Ockenfels)

schen Methoden gar nicht überprüfen können und die nicht in ihrer Glaubenskompetenz liegen. Wer als Kleriker in der Öffentlichkeit um Zustimmung wirbt, möge doch bitte nicht im Brustton der Glaubensüberzeugung über etwas faseln, worüber sogar einschlägige Wissenschaftler unterschiedlicher Meinung sind. Er möge stattdessen rationale Regeln beachten, nach denen die Risiken abgeschätzt und die möglichen Übel minimiert werden. Und zwar im globalen Zusammenhang. Irrationale deutsche Sonderwege führen gewöhnlich nicht in den Himmel auf Erden.

Hierzulande wird der von Angst diktierte Atomausstieg gern als Modernisierung gepriesen. Hingegen verstehen pragmatisch-rationale Briten, Amis, Franzosen, Inder und Chinesen unter Modernisierung etwas anderes. Nämlich die technische Perfektionierung und Risikominimierung auch der Kernenergie. Von dieser Auffassung hat sich die Mehrheit der Deutschen seit Tschernobyl und den japanischen Ereignissen abgekoppelt. Und sie fühlt sich dabei als die ökologische Speerspitze, die es dem der Rest der Welt zeigen will.

Völlig vergessen wird dabei, daß die Kernenergie für die fortschrittsgläubigen Parteien, insbesondere die Sozialdemokraten, noch bis in die siebziger Jahre des vorigen Jahrhunderts als die technologische Erfüllung eines Menschheitstraums gegolten hat und entsprechend ideologisch überhöht wurde. Hier hat sich der Modernisierungsbegriff in sein völliges Gegenteil verwandelt. Und er wird auch künftig manche Kapriolen schlagen.

…………………………..

Gott hat die Atome nicht geschaffen, daß der Mensch sie spalte, meinte einmal ein grüner Theologe. Dasselbe gilt dann auch vom grünen Holz. Und ein theologisch erweckter Politiker, der es sogar zum Bundespräsidenten brachte, hatte bei den harmoniesüchtigen Deutschen großen Erfolg mit der Parole „Versöhnen statt spalten". Bezogen auf die Kernenergie ließe sich daraus der Imperativ ableiten, die Kernfusion technisch voranzubringen. Das wäre doch eine schöne neue Welt.

Konkurrierende Ängste

Professor Daniel Düsentrieb hat auf die comicversessene Jugend bis heute eine „nachhaltige" Wirkung erzielt. Nämlich die ständige Naherwartung der endgültigen Lösung der Energiefrage. Gerne erinnert man sich an die komische Szene: Professor Düsentrieb fährt mit seinem Zukunftsauto bei einer Tankstelle vor und antwortet auf die Frage „volltanken?" lässig: „Nicht die Bohne, mein Fahrzeug fährt auch ohne!"

Leider ist es den vielen Nachfolgern des prophetischen Professors in Wirklichkeit noch nicht gelungen, Wasser in Sprit zu verwandeln. Und weil sich dieser Geist - jedenfalls bis heute - einfach weigert, auf die Naturwissenschaftler und Techniker herabzukommen, müssen wir uns künftig damit abfinden, daß der Ölpreis infolge der Knappheit bei wachsender Nachfrage steigt und steigt. Und weil sich die „Wunder" der Technik, die wir seit Descartes sehnsüchtig erhoffen, jedenfalls nicht politisch organisieren lassen, müssen wir uns nicht darüber wundern, daß der Staat mit der Lösung dieser Menschheitsfrage überfordert ist.

Dieser unser Staat hat allerdings seit der Entdeckung der „ökologischen Frage", also seit Beginn der siebziger Jahre des vorigen Jahrhunderts, erheblich zur Erzeugung eines Problembewußtseins beigetragen, das geradezu apokalyptische Züge trägt. Und in seinem Bemühen, die letzten Tage der Menschheit hinauszuschieben, hat er uns den Weltuntergang nähergebracht. Nie war er näher als heute, der Weltuntergang. Und nie war er jenen Politikern so

Teufelszeug und andere Zutaten (W. Ockenfels)

wertvoll wie heute, die ihn parteipolitisch verwerten, indem sie Ängste schüren vor einer Katastrophe, an der sie sich selber beteiligt haben. Es wirkt inzwischen reichlich komisch, wenn sich grüne Unheilspropheten immer noch als Weltenretter aufspielen.

Es begann mit der Kampagne „Atomkraft, nein danke!", die im Beschluß mündete, aus der Kernkraft auszusteigen. Nach der Reaktorkatastrophe von Tschernobyl 1986 wurde das Bemühen um „alternative" Energietechniken forciert. Mit staatlich subventionierten Sonnenkollektoren, Windmühlen und „nachwachsenden Rohstoffen" wurde die Landschaft zugepflastert. Doch „Öko-Strom" und „Bio-Kraftstoffe" werfen neue Probleme auf, ohne daß man die alten gelöst hätte. Und die fossilen Brennstoffe wie Öl, Gas und Kohle, von denen wir immer abhängiger wurden, gelten heute als „Klimakiller".

Freilich entpuppt sich auch das Dogma von dem „durch Menschen" erzeugten Klimawandel immer mehr als eine Hypothese, die falsifizierbar ist. Denn es könnte ja die liebe Sonne sein, die nicht nur über Gerechte und Ungerechte scheint, sondern auch unser Klima maßgebend bestimmt, ohne dass wir sie beeinflussen könnten. Diese Annahme läuft jedoch gerade dann, wenn sie beweisbar wäre, auf eine Kränkung des naturwissenschaftlich-technischen Machbarkeitskults hinaus. Die Schicksalsergebenheit wäre dem „modernen Menschen", besonders den Politikern, unzumutbar. Darum bleibt es einstweilen wohl bei der Erzeugung konkurrierender Ängste. Hier sehen wir uns vor eine seltsame Alternative gestellt: Wollen wir lieber durch Kohlendioxid oder atomar zugrunde gehen? Wollen wir lieber vom Teufel oder von Beelzebub geholt werden? Oder weist uns Professor Düsentrieb, der Schutzpatron der grünen Öko-Religion, mit der Verheißung einer effizient funktionierenden „alternativen" Energietechnik den unfehlbaren Heilsweg aus der unseligen Alternative zwischen Atom- und Klimakatastrophe?

In dieser endlichen, ohnehin dem Tode geweihten Welt haben fast alle Industriestaaten die Absicht, die zivile Nutzung der Kernenergie beizubehalten. Und zwar gerade aus ökologischen Gründen, und weil man sich aus der Abhängigkeit von ausländischer Elektrizität befreien möchte, wie die italienische Regierung den Bau neuer Kernkraftwerke begründete. Allerdings ist die deutsche Öffentlichkeit auch unter dem Kostendruck der Preise für Öl und Gas noch nicht bereit, über die relativen Vorzüge der Kernenergie zu diskutieren. Und die „fossilen" wie die „alternativen" Energiebefürworter weigern sich, ihre erstarrten Positionen rational und öffentlich zu rechtfertigen.

Verantwortliche Entscheidungen

Der ökologische Streit entwickelt sich zu einem Streit um die „richtige" Technik, wenn das Spiel mit der menschengemachten Apokalypse ausgereizt ist. Wieweit diese Ängste rational und praktisch bewältigt werden können, hängt auch davon ab, ob es vernünftige sozialethische Maßstäbe gibt, die der technischen Entwicklung Sinn und Ziel geben, ihr aber auch Grenzen setzen. Konkret geht es um Fragen der Güter- und Übelabwägung, also um eine soziale Verantwortungsethik. Die Entscheidungsregel dazu lautet (nach Wilhelm Korff), daß wir uns für das geringere Übel in den Folgen zu entscheiden haben, und zwar nach der Frage: Ist die zu erwartende Nebenfolge einer technischen Innovation weniger schlimm als die Folge der Unterlassung einer technischen Innovation?

Diese Abwägungsregel klingt leichter, als ihre Befolgung in Wirklichkeit ist. Sie setzt nämlich einen Blick in die Zukunft voraus. Wir können aber nie genau wissen, was die Zukunft bringt - etwa an weiteren technischen Erfindun-

Teufelszeug und andere Zutaten (W. Ockenfels)

gen, an gesellschaftlichen und naturalen Veränderungen usw. Es sind Kombinationen und Imponderabilien möglich, die sich der quantitativen Berechnung entziehen. Dennoch wird man fragen müssen, wie viele Opfer die Förderung, der Transport, der Gebrauch und die „Entsorgung" von Kohle, Öl und Gas für Mensch und Umwelt gekostet haben und voraussichtlich noch kosten werden. Doch über diese Schäden erhält man kaum Auskunft, so daß der Vergleich mit den Schäden der Kernenergie sehr erschwert wird. Aber Bangemachen gilt nicht. Und der Reaktortyp von Tschernobyl wie auch der von Japan hat ausgedient. Ausgespielt hat vor allem der Mythos einer „in sich" bösen Kernenergie. Inzwischen sind erheblich risikominimierte Reaktoren entwickelt worden, die, wie der „Kugelbett-Reaktor", in Deutschland erfunden und konstruiert wurden. Deren Protagonisten wurden lange Zeit als Spinner abgefertigt, obwohl sie verantwortungsethische Realisten sind. Nun sind Vergleiche und Entscheidungen auf dem Feld von Technik und Umwelt keine Glaubensfragen. Christen sind von ihrem Glauben her gehalten, über das Ende ihres eigenen Lebens und das der Welt insgesamt nachzudenken. Da laß ich mir die pädagogische Abschreckung vor einer Hölle im Jenseits gerne gefallen. Aber die grüne Drohbotschaft einer nuklearen Hölle - pfui Teufel - entspringt eher einem säkularen Aberglauben ohne Himmel.

Inzwischen melden sich bei uns ökonomisch-ökologische Kritiker zu Wort. Sie haben wegen der „Erderwärmung" kalte Füße bekommen. Und sie weisen auf die großen Kosten der Energiewende hin. Sie sehen das Ende einer Industriegesellschaft kommen, die das nötige Geld erst erwirtschaften muß. Beim Geld hört irgendwann der Spaß auch einer Spaßgesellschaft auf. Und sogar bei einigen grün-säkularisierten Frommen dämmert schon die Einsicht, daß es in der Politik wie in der Technik nichts dogmatisch Endgültiges, nichts Unumkehrbares gibt. Auf Kommando wird der Wind nicht wehen, die Sonne nicht scheinen und das Wasser nicht fließen. Die Natur bleibt letztlich unbeherrschbar, Gott sei Dank.

2.4.3 Kernenergie – Gefahren und Nutzen (H. Böttiger)

Wir geben auszugsweise Abschnitte aus dem im Sommer 2011 erschienenen Buch wieder, das unter ISBN 978—3-86568-703-6 in der IMHOF Zeitgeschichte herauskam.

Mehr als eine technische Frage

Wenn über Kernenergie im Unterschied zu anderen Energiequellen diskutiert wird, hört sich das meist an, als wäre es eine technische Frage wie die, ob man zum Besuch der Verwandtschaft lieber das Auto oder die Eisenbahn nehmen solle. Wenn man wirklich unentschlossen ist und nicht weiß, was vernünftiger ist, wägt man zwischen den Vor- und Nachteilen ab und trifft so schließlich eine Entscheidung. Aber selbst über die banale Frage: Auto oder Eisenbahn kann es, wenn mehrere an der Entscheidung beteiligt sind, zu erregten Debatten kommen - und zwar dann, wenn die Diskutanten sich ihre heimlichen Vorlieben und Abneigungen nicht eingestehen. Sie schieben dann allerlei Gründe vor, als wären sie die ausschlaggebend zwingenden, um scheinbar vernünftig das zu tun, was sie eigentlich aus vernunftferner Vorliebe, also eines Vorurteils wegen, tun wollen. Wir kennen solche Scheindebatten nur allzugut. Man beißt sich fest, die Emotionen schlagen hoch, jede Seite findet, die andere müsse doch endlich ihren „Fehler" einsehen, was diese jedoch nicht tut.

Kommt die uneingestandene Voreinstellung nicht zur Sprache, bleibt die Vernunft auf der Strecke und die Diskussion endet in Schreierei oder kopf-

Kernenergie – Gefahren und Nutzen (H. Böttiger)

schüttelndem Ärger - es sei denn, jemand sorgt endlich mit einem Witz für befreiendes Gelächter. Dann wundert man sich gemeinsam, wie man sich über eine so banale Sache so heißreden konnte, und wendet sich wichtigeren Dingen zu. Die Sache selbst erscheint nur noch als banal; das, worum es eigentlich gegangen war, bleibt verborgen. Offensichtlich war etwas eingewickelt, das so zu Herzen geht, daß es die Emotionen anfeuerte. Und dies ist es, was beide Seiten - bewußt oder unbewußt - hindert, sich und anderen das heimliche Vorurteil einzugestehen.

Was aber wäre so hintergründig an der Kernenergie?

Was hintergründig ist, wird nicht leicht wahrgenommen. Wenn man sich etwas nicht erklären kann, dies aber will, wird oft geraten und unterstellt. Kernkraftbefürworter werden schnell mit dem Spruch abgetan: Die werden doch von der „Atomlobby" bezahlt. Den Kernkraftgegnern wird meist Irrationalität vorgeworfen und dafür religiöse, ideologische, archetypische Ursachen angeführt. Selten werden ihre oft ebenso vorhandenen materiellen Interessen offen angesprochen.

....

Ohne Energie läuft nichts. Energie ist, so die gängige Definition, die Fähigkeit, Arbeit im physikalischen Sinn zu verrichten. Laufen soll also vor allem die Wirtschaft - aber muß man dazu unbedingt auf Kernenergie zurückgreifen? Gegenfrage: Warum sollten wir uns nicht der Kernenergie bedienen?

Was ist an ihr so anders als an anderen Energiequellen?

Um diese Frage richtig einzuordnen, wollen wir zunächst recht grundsätzlich an die für den Menschen als lebende und kulturschaffende Wesen wichtigsten energetischen Abläufe erinnern.

Leben und Energie

Sprit mit Kernwärme aus Biomasse und Kohle

Grundlage allen Lebens ist neben dem Vorhandensein von flüssigem Wasser Energie. Alle Lebewesen nehmen als Nahrung besondere Energierohstoffe auf. Die für ihre Lebensäußerungen erforderliche Energie beziehen sie aus der chemischen oder molekularen Umwandlung solcher Stoffe. Diese werden dabei von einem Zustand, in dem sie mehr Energie enthalten (Stärke, Zucker) in einen energetisch geringerwertigen Zustand (z.B. Kot, CO_2, Wasser) umgewandelt.

Hauptenergiespender für die bekannteren Tierarten und für den Menschen als biologisches Lebewesen sind Kohlehydrate. Das sind Stoffe, die aus Kohlenstoff- und Wasserstoffatomen zusammengesetzt sind. Im technischen Bereich verwenden wir aus den gleichen Bestandteilen, aber anders, zusammengesetzte Kohlenwasserstoffe. Daneben werden noch andere, energetisch gehaltvolle chemische Bindungen verwendet, auf die wir hier aber nicht weiter eingehen.

Die Energie aus dem Stoffwechsel ermöglicht es den Lebewesen, sich zu bewegen, Nahrung zu suchen, sich zu vermehren, kurz: zu leben. Dabei wird aus den eingenommenen Kohlehydraten (CH_{xxx}) und dem Luftsauerstoff O_2 zumeist Kohlendioxid (CO_2) und Wasser (H_2O). Ein normaler Mensch atmet auf diese Weise pro Tag (24 Stunden) etwa 1 Kilogramm CO_2 aus. Das sind etwa 500 Liter dieses Gases.

Untergraben sich die Lebewesen allmählich ihre Existenzgrundlage, indem sie allen Sauerstoff umwandeln, oder erzeugen sie sich mit dem CO_2 ein lebensunwirtliches Treibhaus? Offensichtlich nicht! Es ist ein Grundsatz der Natur, daß nichts verloren geht - auch keine Energie. Was geschieht, sind Stoffumwandlungen und ebenso Energieumwandlungen. Wenn wir Energie einsetzen, dann wandeln wir sie von einer Form in eine andere um. Die Abfälle, das Wasser und das CO_2 werden nämlich wieder zu Kohlehydraten aufbereitet, „recycelt".

....

Der Mensch lebt wie alle Tiere von solchen Stoffwechseln in seinem Organismus. Dabei werden jeweils wohldosiert geringe Mengen von Stoffen gewechselt, ohne daß wir bewußt darauf Einfluß nehmen. Der Mensch begann sich vom Tier dadurch zu unterscheiden, daß er sich nicht nur auf den Stoffwechsel im Inneren seines Organismus beschränkte. Er begann die Stoffe in seiner Umgebung zu ändern, er nähte Kleider, schnitzte Werkzeuge, legte Felder an und bemerkte, daß seine organische Energiequelle für diese Verrichtungen zu knapp wurde. Er begann seine Lebensaktivität zu erweitern, indem er den Stoffwechsel anderer Lebewesen für eigene Zwecke nutzt. Er begann - was Tiere nicht können - den energetischen Stoffwechsel unabhängig von biologischen Organen in eigenen, selbst hergestellten Vorrichtungen zu handhaben: die Beherrschung des Feuers.

Im Wesentlichen handelt es sich beim Feuer um eine wenig kontrollierte Form dessen, was beim „natürlichen" Stoffwechsel langsam und wohldosiert in kleinen Mengen abläuft. Wie bei einer Kettenreaktion werden bei einem Feuer feste molekulare Bindungen in großer Zahl hergestellt. Die dabei freigesetzte Energie nutzt der Mensch für seine Zwecke. Die Entwicklung der Technik bestand zunächst darin, die molekularen Kettenreaktionen besser zu steuern - das reichte vom Nachlegen von Brennholz bis zur geregelten Einspritzung des Brennstoffgemischs in den Verbrennungsmotor.

In einem anderen Schritt ging es darum, die freiwerdende Energie gezielter einzusetzen. Während beim offenen Feuer unter einem Kochtopf das meiste der freigesetzten Energie ungenutzt in die Umgebung entweicht, wird in mo-

Sprit mit Kernwärme aus Biomasse und Kohle

dernen Feuerungsanlagen schon über die Hälfte der freigesetzten Molekularenergie dem Zweck, z.B. der Dampferzeugung zugeführt. Auf diese Art steigerte der Mensch im Laufe der technologischen Entwicklung die Effizienz seiner Energienutzung. Dazu entwickelte er auch bestimmte chemische Verfahren und Apparate (z.B. die Brennstoffzelle), die den Stoffwechselprozeß in ähnlicher Weise - nur eben komplexer - organisieren, als es im Organismus geschieht.

Und nun die Kernenergie

Um die knappe Energie effizienter zu nutzen, mußte der Mensch die hier grob skizzierten energetischen Abläufe immer genauer beeinflussen und dazu die Zusammensetzung der Atome immer genauer untersuchen. Dabei stieß er auf einen Widerspruch, der ihm zu denken gab: Wenn sich nur entgegengesetzte Ladungen anziehen, gleich gerichtete aber abstoßen - warum fallen dann die Elektronen nicht in die Protonen, und warum fliegen die Protonen im Kern nicht auseinander? Offensichtlich herrschen in der kleinen Welt des Kerns andere Kräfte als in unserer Umgebung! Die Bestandteile des Kerns (Nukleonen, Protonen und Neutronen) müssen von einer Kraft zusammengehalten werden, die größer ist als die elektrostatische Abstoßung der Protonen.

Was sind dies für Bindungskräfte, die man „starke Wechselwirkung" nennt? Ihr Wesen wird immer noch nicht so recht verstanden, aber man mißt ihre Wirkung recht genau. Daher weiß man, daß Kerne mit etwa 50 Nukleonen, wie z.B. Eisen, die stabilsten sind. Kleinere Kerne werden mit geringerer Kraft zusammengehalten als mittlere. Gleiches gilt für sehr schwere Kerne. Kerne mit mehr als 90 Protonen sind sogar so instabil, daß sie auf Dauer nicht zusammenhalten.

Kernenergie – Gefahren und Nutzen (H. Böttiger)

Nun gilt für die Bindungsenergie der Kerne ähnliches wie für die chemische Bindungsenergie. Die Kernbindungsenergie ist die Energie, die aufgewendet wird, um den Kern in seine Bestandteile zu zerlegen. Wenn man leichte Kerne zu schwereren verschmilzt (Kernfusion),

----

Die Kernfusion ist schwieriger zu erreichen als die Spaltung schwerer Kerne, dafür stehen ihre „Brennstoffe" in wesentlich größeren Mengen zur Verfügung: Man hat errechnet, daß in einem Liter Meerwasser genug Deuterium enthalten ist, um damit die gleiche Energiemenge wie bei der Verbrennung von 7.000 Tonnen Steinkohle freizusetzen. Daraus läßt sich erkennen, wie absurd es ist, von Energieknappheit im technischen Sinne zu reden. Knappheit ist vielmehr eine wirtschaftliche Größe, sie geht in den Preis ein und rührt an mächtige menschliche Interessen. Allerdings stehen der friedlichen Nutzung der Kernfusion noch große technische und wirtschaftliche Probleme im Weg.

Der große Vorteil hoher Energiedichte liegt auf der Hand. Nur einer sei erwähnt: Ein Gramm läßt sich leichter handhaben als drei Tonnen, und bei seiner Spaltung fallen auch nur etwa ein Gramm Abfall in Form von Spaltprodukten an. Bei der Kohleverbrennung sind das für den gleichen Energiegewinn etwa 3 Tonnen CO_2 und je nach Qualität der Kohle gut 100 kg Asche, die auch mit allerlei unangenehmen Stoffen vermischt ist.

Widerstände gegen die Kernfusion wurden bisher kaum laut, weil ihre wirtschaftliche Nutzung noch in weiter Ferne liegt. Die Kernkraftgegner bekämpfen bisher nur die wirtschaftlich genutzte Kernspaltung. Dabei stellt sich die Frage: Warum soll der Mensch diese verfügbare Energiequelle nicht nutzen? Dadurch, daß es ihm gelang, molekulare Bindungskräfte für sich und seine Ziele zu nutzen, hob er sich einst als Mensch vom Tier ab und übernahm die Verantwortung für die selbst geschaffene, menschliche Umwelt. Die Nutzung der Kernbindungskräfte gibt ihm größere Macht, seine bereits übernommene Verantwortung weiter auszubauen und nachdrücklicher wahrzunehmen.

Es ist nicht so klar, ob sich die Kritik an der Kernkraftnutzung gegen die Eigenart der Kernenergie richtet oder eigentlich mehr gegen die damit verbundene „Ermächtigung" des Menschen. Der Einwand, den man zu hören bekommt, richtet sich gegen ein angebliches Katastrophenpotential der Kernkraftwerke. Auch die höheren Risiken bei einem Unfall sind Grund für solche Einwände. Der eigentliche Einwand, den man nicht zu hören bekommt, könnte das Misstrauen in die Bevollmächtigung des Menschen sein, das sich aus der zu tiefst inneren Selbsterfahrung speist. Wenden wir uns dem Gefahrenpotential zu.

....

Das Verfügungsrecht über Kernenergie ist ein politisches und hat mit sogenannten Sicherheitsfragen kaum etwas zu tun. Immer mehr Länder machen sich von der energiepolitischen Bevormundung durch die führenden westlichen Industrieländer insbesondere deren Energiekonzerne unabhängig und bauen im Zuge dessen ihre kerntechnischen Kapazitäten aus. Wenn Deutschland trotz seiner einstigen technischen Führungsrolle auf diesem Gebiet auf die Kernenergie verzichtet, offenbart sich hier weder kluge Vorsicht noch machtpolitische Bescheidenheit, sondern ideologischer Wahn. Dass ihn inzwischen alle von den Medien als wählbar anerkannten Parteien teilen, deutet an, dass er aufoktroyiert ist. Im Zuge der nuklearen Verblendung wurden hierzulande Arbeitsplätze vernichtet, Marktchancen verspielt und nicht zuletzt durch das Beharren auf sogenannte erneuerbare Energien die Wirtschaft des Landes zunehmend ruiniert. Was treibt wohl die Vertreter von Medien, Politik, Wirtschaft, Show-Business und Umweltorganisationen zu dieser auf der Erde einzigartigen Demontagepolitik?

Fortschritt und menschliche Zivilisation

Die Nutzung molekularer Bindungskräfte (z.B. $C + O2 = CO2 +$ Wärmebewegung) bildet noch immer die Hauptenergiequelle unserer Industriegesellschaft. Seit der Menschwerdung war das Fehlen oder die Unerschwinglichkeit von Energie (neben der Kontrolle des Bodens und seiner Schätze) zunehmend die reale Ursache für Not und Elend, denn die zur Behebung der Not erforderlichen Versorgungsgüter lassen sich ohne Energie nicht herstellen. Not - vor allem die unnötig verlängerte und sinnlos beibehaltene - lenkt uns von uns selbst und von der Herausforderung an uns ab, „wesentlich" zu werden, so wie es dem Wesen des Menschen entspricht.

Der Mensch ist erwiesenermaßen aber das Wesen, das sich - anders als Tiere - selbst entwickeln und über sich selbst hinauswachsen kann. Es ist uns Menschen „eigentümlich", dass wir durch unseren ureigenen Beitrag, den jeder einzelne einzigartig zur Besserung der Lebensumstände unserer Mitmenschen oder der Biosphäre insgesamt beitragen kann und will, erst wir selbst werden.

Ein solcher eigener, schöpferischer Beitrag für andere - und sei es nur der geglückte Versuch, in traurigen Augen wieder den Schimmer von Freude zu wecken - oder die materielle Versorgung der Allgemeinheit zu verbessern, ist das einzige wirkliche „Eigentum", das wir uns im Unterschied zu unwesentlichem Besitz erwerben können. Kreativität, Weiterentwicklung ist immer verbunden mit etwas verbunden, das religiös ausgedrückt Tod des alten und der Neugeburt des „neuen" Menschen hieß. Wo werden größere Ängste frei als in solchen für das Menschsein so wesentlichen Übergängen?

Es wird behauptet, Technik habe mit Moral nichts zu tun, es käme nur darauf an, was der Mensch mit seinen technischen Möglichkeiten anfängt. Das mag in den meisten Fällen stimmen, trifft aber nicht auf die Ablehnung oder gar Verhinderung technischer Möglichkeiten zu, welche die Menschen von materiellem Mangel und Not befreien könnten - durch deren Verhinderung anderen eine menschenwürdigere Existenz oder der sog. „Überbevölkerung" sogar die nackte Existenz verweigert wird. Eine solche Ablehnung ist eine grundlegende Frage der Moral. Ist es doch kaum verwerflicher, einen Menschen zu erschlagen, als ihn durch aufgezwungene Lebensumstände - wie es heute weltweit aus politischen, wirtschaftlichen und angeblichen umweltbedingten Gründen geschieht - verhungern zu lassen oder dies doch wenigstens billigend in Kauf zu nehmen.

Es wird ohne die Nutzung der Kerntechnik in Zukunft weder eine Industriegesellschaft noch eine menschenwürdige Zivilisation geben. Der Mensch bleibt in gewisser Weise noch menschlich, wenn es ihm die materiellen Umstände nicht erlauben, sich zu entwickeln. Wenn er sich aber aus Ängstlichkeit, Faulheit oder Schlechtigkeit selbst der Entwicklungsmöglichkeit beraubt, wird er mit Sicherheit unmenschlich und sinkt moralisch noch unter die Stufe des „bewußtlos unschuldigen" Tieres.

Die Beherrschung der Kernenergie - nicht nur der Kernspaltung, von der hier weitgehend die Rede war, sondern mehr noch der Kernfusion, der Materie-Antimaterie-Reaktion und anderer Energie freisetzender Kernreaktionen - ist aus diesem Grunde eine Schicksalsfrage der Menschheit. Und das macht sie neben all den wissenschaftlichen und technischen Problemen, die im Zu-

Kernenergie – Gefahren und Nutzen (H. Böttiger)

sammenhang mit der Verwendung der Kernenergie zu lösen sind, zu einer Frage der Moral. Die Kernenergie zu meistern, ist nicht nur eine technische, auch nicht nur eine politische, sondern vor allem eine menschliche Aufgabe.

Die Menschheit steht heute vor einem ähnlichen Problem, wie die Anthropoiden zu Beginn der menschlichen Zivilisation. Damals ging es darum die animalische Angst vor der Beherrschung der molekularen Bindungskräfte außerhalb des eigenen Körpers (Feuer) zu überwinden. Feuer bot genügend „realen" Anlass, davor Angst zu entwickeln. Ein Teil der Anthropoiden schaffte es diese Angst zu überwinden und wurde durch die produktive Beherrschung der molekularen Bindungskräfte zu Menschen, die es nicht schafften, blieben beziehungsweise wurden erst (wie neuere Forschungen herausgefunden haben wollen) zu Affen.

Wir stehen heute an der Schwelle zu Produktionsverhältnissen, die es wegen der ungeheuren technischen Versorgungsmöglichkeiten bei geringen Kosten immer durchschaubarer unmöglich machen, Menschen weiterhin durch Androhung von Not und Mangel zu einem fremdbestimmten Handeln zu zwingen. Wir stehen also an der Schwelle einer Gesellschaft, die nicht mehr durch Macht und wirtschaftliche Gewalt, sondern durch kluge, kreative, weiterführende Einfälle und Strategievorschläge überzeugt und geführt werden müsste. Das ist eine Horrorvorstellung sowohl für die heute mehr und mehr verkommene Macht-Elite wie für deren terrorisierte, verängstigte Gefolgschaft.

Zugleich stehen wir an der Schwelle, die uns Menschen vor die Wahl stellt, die Evolution der Biosphäre führend und gestaltend weiter zu entwickeln und dafür mehr und mehr die Verantwortung zu übernehmen, oder uns zu Objekten der biologischen Evolution - zu Tieren also - zurück zu entwickeln (worauf unsere derzeitige „Kultur" hinzudeuten scheint) und damit unsere Vernunft wie auch unsere Verantwortung an eine metaphysische „Mutter Natur" abzugeben. Daher ist unsere derzeitige Schwellensituation mit derjenigen der Anthropoiden an der Schwelle zum bisherigen Grad der Menschwerdung vergleichbar. Die Frage, die nuklearen Bindungskräfte beherrschen zu wollen, steht im Mittelpunkt der geforderten Entscheidung.

Soweit die Auszüge aus diesem besonders nützlichen Buch, das neben allen Grundfragen der Kernenergie auch den Blick weitet auf die Zusammenhänge der menschlichen Existenz.

2.4.4 Tank u n d Teller – Beides ist möglich!

Die folgende Stellungnahme des Autors wurde inzwischen vom Verband für Gesundheit und Landschaftsschutz (sturmlauf.de) auf seiner Website veröffentlicht:

„Technisch/wirtschaftliche Frage beschäftigen mich seit vielen Jahren, als Berater für IT-Finanzmanagement, und auch zu Fragen der Energie in unserem industriellen Vaterland. Insbesondere die hochkonzentrierte Energie für unsere Autos und Fahrzeuge – mobile Energie. Vorrangig ist, wie man diese sicherstellt und unsere Abhängigkeit von Öl- und Gas senkt.

Im Rahmen der Energiedebatte kommt es notwendig zur Abwägung der verschiedenen Nutzungen: vor allem **Biosprit** ruft diejenigen auf den Plan, die alle Flächen nur für Lebensmittel reservieren wollen. Mobilität wird gegen Nahrung aufgeboten, brasilianischer Zuckersprit mit deutschem Bioethanol verglichen, BTL der ersten und zweiten Generation in Stellung gebracht und die durch Mais-Subventionen begünstigten Monokulturen als wildschädlich beurteilt.

Tank u n d Teller – Beides ist möglich!

Schon diese wenigen Stichworte zeigen, was unter der Oberfläche dieser Problematik an Zündstoff liegt.

Zweifellos ist es wichtiger, Menschen in armen Ländern ausreichend Nahrung zu ermöglichen, als die Mobilität in den Industrieländern noch weiter zu steigern. Doch beim Entwickeln dieser armen Gebiete braucht man auch Treibstoff. Für das Heranbringen der Nahrung in akute Hungergebiete braucht man auch Sprit. Der Helikopter für das Leben eines Verunglückten ist ebenso nötig wie Wärme für den Erfrierenden und Versorgung für einen Verhungernden: all dieses erfordert auch Energieeinsatz in Form von Sprit. Eine Milliarde übergewichtiger Menschen haben zuviel Nahrung. Mit Ihrem Überkonsum könnte man die andere Milliarde hungernder Menschen aus ihrer Not retten.

Niemand wird mit noch so guten Argumenten die Lösung für alle konkreten Einzelfälle finden. Bürokratische Lösungen zur „gerechten Steuerung", welches Nahrungsmittel wichtiger ist als Sprit, oder welche Menschengruppen eher einen Anspruch auf Nahrung oder auf Mobilität haben, würden mehr schaden, als nützen. Sie erliegen oft dem Druck von Lobbygruppen. Und ethische Initiativen und Vereine haben auch nicht immer die beste Einsicht.

Weil Sprit aus fossilen Quellen in absehbarer Zeit versiegen wird, muss man andere Wege finden. Wenn man auf Böden, die keine Lebensmittelproduktion erlauben, Holzfelder zur Energie-Ernte heranzieht (Beispiel Viessmann in Allendorf), ist die ethische Balance wohl kaum gefährdet. Ob Brasiliens Zucker- und Amerikas Mais-Bauern wirklich immer den Nahrungsbauern die Flächen wegnehmen. das können wir aus der Ferne kaum beurteilen.

Aber wie müsste eine generelle Regel aussehen? Kann man überhaupt einen gerechten Ausgleich zwischen diesen Interessen herstellen? Gibt es allgemeine Grundregeln, Gesetze oder ein Zentralgehirn, das alle diese Bedürfnisse mit umfassenden Hochrechnungen und dem Ethikfaktor so gewichtet, dass niemand Unrecht geschieht? Und dann eine Verwaltung, die dies weltweit garantieren würde? Wohl kaum!

An derlei Engführungen scheiterte schon der Club of Rome, ebenso wie die kommunistische Zentralverwaltungswirtschaft.

Die Lösung muss ganz anders angegangen werden. Das sah Ludwig Erhard und die Vordenker der sozialen Marktwirtschaft schon vor 60 Jahren völlig klar. Er schaffte im Juni 1949 die zentrale Bewirtschaftung ab und bildete stattdessen **für die vielen Millionen menschlicher Einzelentscheidungen eine neutrale Plattform für den besten Ausgleich aller Wünsche und Bedürfnisse. Einzig der Markt ist das geeignete Forum für ein Optimum an Gerechtigkeit.**

Und dieser Markt muss mit allen Mitteln sauber und unverzerrt gehalten werden, mit wirksamen Wettbewerbs- und Kartellbestimmungen, klugen Personen, die sie umsetzen. So dass die Preise durch Angebot und Nachfrage frei und gerecht gebildet werden. Der Staat hat diese Freiheit zu garantieren, nicht indem er selbst Preise setzt, manipuliert, subventioniert und damit verzerrt. Sondern indem er Transparenz und Wettbewerb sichert, Monopole verhindert, die Übernutzung „freier Güter" unterbindet.

Zum Beispiel ist es absurd, wenn man Holzpellets mit Energieaufwand in USA herstellt, nach Deutschland transportiert um damit ein „umweltschonendes" Kraftwerk zu befeuern. Vermutlich werden Teile der Umweltkosten nicht mit gerechnet, die Aufforstung nicht bedacht, der Ölverbrauch und die Meerverschmutzung durch die Schiffe nicht berücksichtigt, andere Effekte

Tank u n d Teller – Beides ist möglich!

irgendwo der Umwelt angelastet. Die hat im internationalen Markt keinen Fürsprecher.

All diese Faktoren in einem Modell zu erfassen ist eine Sysiphusarbeit, die niemand besser regeln kann als freie Preise **in einem transp**arenten Markt.

3 Tabellen-Anhang

In diesem Anhang sind Tabellen und Dokumente enthalten, die aus Darstellungsgründen Querformat erfordern.

die beiden Wirtschaftlichkeitsrechnungen für das Hydrierwerk und den zugehörigen Kugelbett-Ofen

3.1.1 Wirtschaftlichkeits-Rechnung Hydrierwerk

Wirtschaftlichkeitrechnung Hydrierwerk (Fischer-Tropsch)

für 0,7 Mrd. Liter Benzin-Äquivalen = 1 Mrd. Liter Ethanol pro Jahr

Investition	Euro	
Bauphase ca 5 Jahre	133.333.333	Bau-Vor-Finanzierung, Zinseszins
Baukosten komplett	400.000.000	Geschätzter Betrag
Nutzungsdauer (Jahre)	30	
Abschreibung pro Jahr	17.777.778	Bau und Vorfinanzierung ca. 533 Mio.
Zinsen pro Jahr	16.000.000	6 % p.a. auf die halbe Investsumme
	6%	

Der erste Teil dieser Berechnung zeigt die Investitionsbeträge, Finazierungskosten und die daraus folgenden Kapitaldienste der Produktionsjahre. Es werden 30 Jahre Betriebsdauer, fünf Jahre Bauzeit und 6 Prozent Zinsen angesetzt.

Insgesamt resultieren daraus etwa 34 Millionen Euro an jährlichen Kapitalkosten für Zins und Tilgung.

Wirtschaftlichkeits-Rechnung Hydrierwerk

		Euro	Bemerkungen
Betriebskosten			
Kapitalkosten von obiger Tabelle		34.000.000	
Personal	100 70.000	7.000.000	100 Personen à du 70.000 Brutto-Personalkosten
Material- und Energie-Einsatz			
Jahresproduktion in Liter Ethanol	1.000.000.000		
	6		kWh / je Liter Energieinhalt
ergibt einen Gesamten Energie-Inhalt von	6.000.000.000		kWh, zu decken durch Holz mit
	4.400		4.400 kWh je to
erfordert Einsatzmaterial, hier am Beispiel Holz	1.363.636		Tonnen Holz und ausserdem
50 % zusätzliche Energie für Fischer-Tropsch	3.000.000.000		kWh Hochtemperatur-Prozessenergie
das Holz kostet pro Jahr insgesamt		109.090.909	bei einem Preis von 80 Euro je Tonne
HT-Energie vom Kugelbett-Ofen à 0,0310393		93.117.929	
Wasserstoff-Zufuhr für Bio-Hydrierung		100.000.000	Annahme: 5 Mio. Liter à 2 Euro je Liter
Sonstige Kosten		5.000.000	
Wartung	10%	40.000.000	jährlich 10 % der Investitionssumme
Jahresgesamtkosten		**387.986.616**	

Es werden 100 Personen à 70.000 Euro Jahres-Bruttokosten angesetzt. Für die anderen Werte sind mangels detaillierter Berechnungen vorsichtige Schätzwerte eingesetzt. Sie sind so großzügig bemessen, dass in der Praxis wohl eher mit niedrigeren Beträgen zu rechnen ist, womit sich die Wirtschaftlichkeit verbessern dürfte.

Sprit mit Kernwärme aus Biomasse und Kohle

Leistung

Produktion pro Jahr	1.000.000.000	1. Mio. Liter Ethanol entspr. ca. 700.000.000 Liter Benzin
davon Abfall, Schwund in Prozent	5,00%	
verbleibt nutzbare Menge (Liter Ethanol)	950.000.000	Für diese betragen die Herstellkosten ab Fabrik: ca. Euro 390 Mio.
Preis pro Liter Ethanol ab Werk	**0,4084**	
Preis pro Liter Benzin-Äquivaltent	**0,6126**	50 % mehr, weil 50 Prozent mehr Liter nötig sind 1,5

Dividiert man die Jahres-Gesamtkosten der Hydrierproduktion, so werden pro Liter Ethanol rund 0,41 Cent fällig. Da Ethanol nur ca. 70 Prozent des Energie-Inhaltes von Diesel oder Benzin hat, benötigt man etwa 50 Prozent mehr Liter als bei diesen konventionellen Fossil-Treibstoffen.
Damit kostet das Liter Benzin – Äquivalent und 61 Eurocent (für 1,5 Liter Ethanol).

Selbst wenn sich bei genauer Rechnung noch weitere Kosten herausstellen sollten, so ist – verglichen mit dem heutigen Preis für Kraftstoff noch ein Spielraum von ca. 50 Prozent nach oben gegeben.
Vorausgesetzt wird, dass die Besteuerung gegenüber heute drastisch ermäßigt wird, weil heutige Grundlagen wie Öko, Energie, CO_2 entfallen.

I want morebooks!

Buy your books fast and straightforward online - at one of world's fastest growing online book stores! Environmentally sound due to Print-on-Demand technologies.

Buy your books online at
www.morebooks.shop

Kaufen Sie Ihre Bücher schnell und unkompliziert online – auf einer der am schnellsten wachsenden Buchhandelsplattformen weltweit! Dank Print-On-Demand umwelt- und ressourcenschonend produziert.

Bücher schneller online kaufen
www.morebooks.shop

KS OmniScriptum Publishing
Brivibas gatve 197
LV-1039 Riga, Latvia
Telefax: +371 686 204 55

info@omniscriptum.com
www.omniscriptum.com

Printed by Books on Demand GmbH, Norderstedt / Germany